MITエッセンシャル・ナレッジ・シリーズ

ROBOTS

JOHN JORDAN
ジョン・ジョーダン
久村典子[訳]

ロボット

職を奪うか、相棒か？

日本評論社

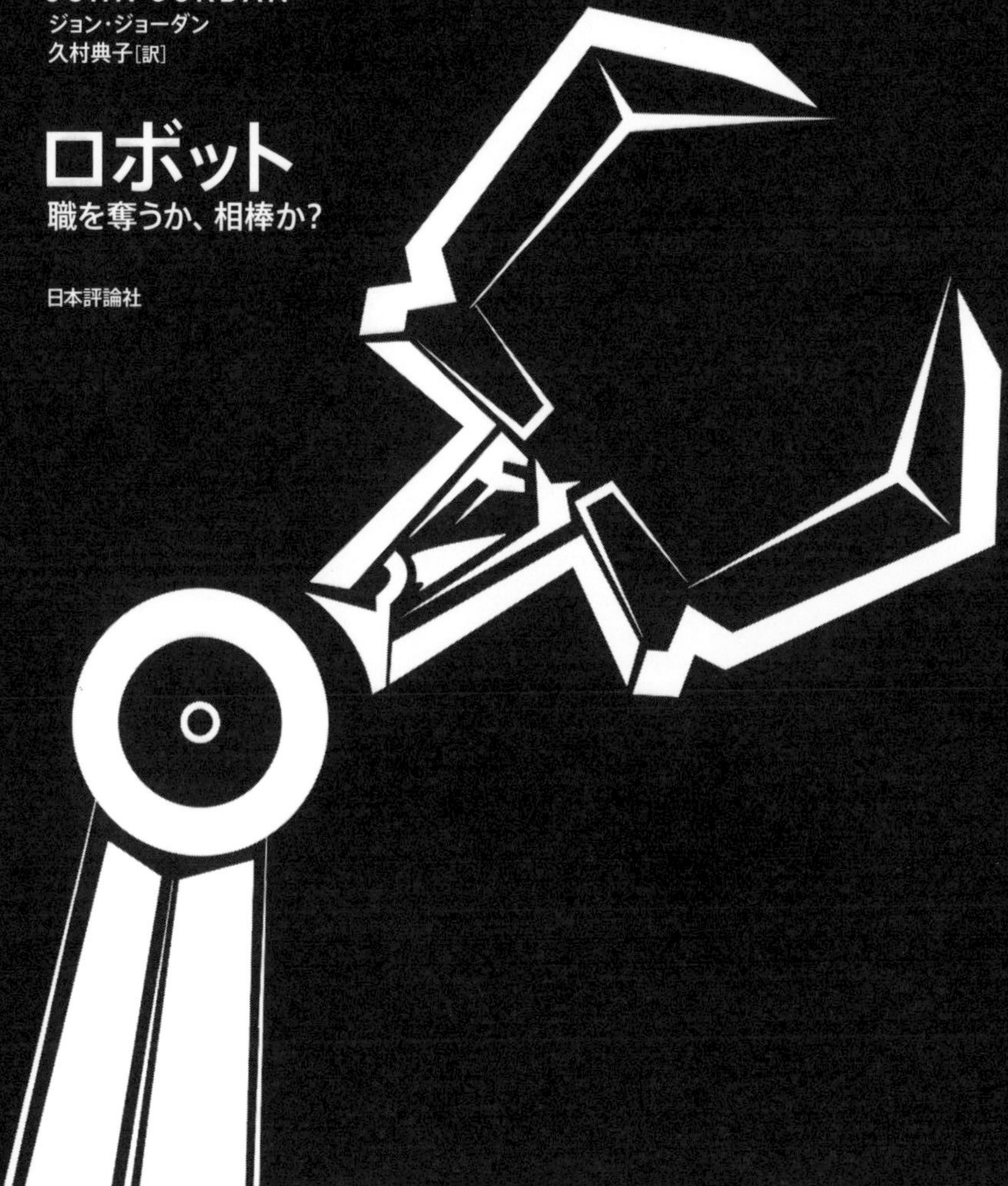

R o b o t s

MIT エッセンシャル・ナレッジ・シリーズ

ロボット

職を奪うか、相棒か?

ジョン・ジョーダン
John Jordan

久村典子 [訳]

はしがき

ロボットのことを書こうとするのは、一か八かの賭けである。この分野は今でも広いのにさらに広がっているし、動きが速すぎて、何年もかけていたのでは時代遅れになるしかない。ならばどうして、とりかかったのか？

思うに、ロボット学の分野は重大な局面を迎えようとしている。技術面では、大量生産も国による使用も可能なほど十分に発達しているし、気づかれないままどこにでもあるようにまでなっている。ロボットは近いうちに、大勢の人びとの生活により直接、深く影響するようになるだろう。

ロボットの設計でなされた技術的な選択は価値判断と願望を具現するだけのものではなく、しばしば倫理的意味あいももっている。私がこれまでに会ったロボット研究者はみな賢明で人道的であり、評判がいい。そうであっても、世間と隔絶して研究している少数の科学者や技術者に、生命、死、健康、仕事と生活、社会の階層、個人のプライバシー、性同一性、戦争の将来、都市景観、その他多くの領域に影響しかねない決定のすべてを任せたくはない。彼らには協力と、別の視点が必要だ。

この本は、ロボットが何をすることができるか、またはすべきか、外見はどうか、何を取り入れて何を除外するかについて、一家言ある人の輪を広げることを目的としている。ロボット研究者にもこの本を読んでほしいが、対象とする読者は一般の人びとである。もう何十年も前から、私たちにはロボット設計の選択肢があったといえる。だから今こそ、「良い」ロボットとはどんなものかを問い、また主張すべきときだ。ロボット学の分野は幅広く、動きが活発だから、私の話の重点は全体を網羅することや最新情報を述べることよりも、永遠の問題、つまりロボットとロボット学を特徴づけるのは、どんな持続的能力、争い、そして得失評価かということにある。

これらの問題がなぜ重要かといえば、戦場や病院、製造ライン、リハビリテーションなどにおいてロボットが人間に取って代わるのではなく、人間とロボットが連携して取り組むのに有力なシナリオが数多くあるからである。ロボットとは何かという二者択一論争に集中するよりも、コンピューター・機械が人間の特質を継続的に増強するのを見ることのほうが役立つだろう。これは必然的に、ふたつのことを意味する。ひとつはロボットと人間が密に生き、働くことによって人間の状態に重大な変化をもたらすであろうこと、もうひとつは、ロボットはただの奴隷か、ひょっとして君主になるのではなく、人類の相棒になるだろうということである。こうした変化が差し迫っているから、人間の理論や規範、野心などを改善することが急務である。この本の一か八かの賭けは、その方向に向かう小さな一歩である。

謝辞

5年がかりでできあがった薄い本だが、多くの人の協力がなければできなかった。すべての人たちの名前を記すことはここではできないが、ほんの少しだけ挙げると、ＭＩＴ出版のキャサリン・Ａ・アルメイダ、ケイト・ヘンズレー、なかでもマリー・ラフキン・リーは完璧なプロで、こもごも私に助言し、励まし、建設的なダメだしをし、最高の仕事をしてくれた。これほど有能なチームに助けてもらえたことは幸運だった。

２０１１年にウィロウガラージ社でボブ・バウアーがパーソナルロボットＰＲ２を見せてくれた。それはまさに、米国立スーパーコンピューター応用研究所（ＮＣＳＡ）でウェブブラウザー「モザイク」を初めて見たときと甲乙つけがたい、あらゆることが違って見えた瞬間だった。ボブがのちに、スティーヴ・カズンズ、スコット・ハッサン、ジェームズ・カフナー、ライラ・タカヤマたちの話を聞くようにと紹介してくれた。この研究に欠かせない人たちであり、ボブがいなければ、この本は決して存在しなかっただろう。深く感謝する。

MIT出版の多くの人が本書を読んでそれぞれ改善してくれたが、そのほかに4人の名を挙げて感謝したい。スティーブ・ソイヤーは草稿に惜しみなく鋭い批評をし、幅広い提言で私を圧倒した。ケイト・ホフマンは、広範な読書歴と判断力を駆使して、アニメとSFについての私の理解を深めてくれた。技術分析における私の長年の相棒であるジョン・パーキンソンは、何稿も読んで構成上の大きな問題を解決したり細かいところで不正確なことを正したりして、常に助けてくれた。

最後に、かつての共著者デーヴィッド・ホールは、手がけていた仕事がほかに山ほどあったにもかかわらず、私が質問するたびに、ときには励まし、ときには批判し、またときには専門家としての見識を示してくれた。ところが、本書が製作に入る1か月前に、突然の早すぎる死が彼を襲った。生きていたら、本書の出版を喜んでくれたであろうことを祈るばかりである。

ロボット

職を奪うか、相棒か？

目次

第1章 はじめに

アメリカの強力な科学技術の物語をテレビと映画が広めてきた。『スターウォーズ』シリーズはいろいろな意味で西部劇の改訂版であって、宇宙が未開拓地（最後の未開拓地ではないかもしれないが）の役割を、ライトセイバーがライフルの役割を果たしている。『ロボコップ』、『ブレードランナー』のレプリカントたち、優秀で行儀のいいC3PO、ディズニーの『ウォーリー』などの造形は広く深く根づいている。戦争、工場、人とロボットの協力関係などを改革している「スローボット」（小型偵察ロボット）、アトラス（人型ロボット）、モートマン（産業用ロボット）、キヴァ（倉庫用ロボット）、ビーム（遠隔操作ロボット）など実在のロボットのことを聞いてみるといい。たいていの人は、現実のロボットが何をするのか、どんな姿をしているのか、ほとんど知らない。ところがターミネーターのこととなると、シュワルツェネッガーのオーストリア訛り込みで誰でも知っている。

2004年にクリス・ヴァン・オールズバーグの人気絵本『ポーラー・エクスプレス』

が映画化された。トム・ハンクスたちアカデミー賞受賞俳優がCGアニメ映画にモデルと声優として動員されたが、結果的にキャラクターは、評論家の言葉を借りれば「不気味」で「異常」で「目が死んで」おり、映画は「ゾンビの行列」だった。その後何年間か、CGアニメ製作者はポリゴン数、色合い、画素数を増やすこと、要するにコンピューター処理の改善につとめた。しかし観客は迫真性を喜ぶどころか、「不気味の谷」に入り込んでしまった。人工的に人間そっくりにされたために、かえって不気味になったというパラドックスだった。2005年に愛・地球博で案内ロボットを務めた、日本人の女性をモデルにした「アクトロイド」リプリーも、ほとんど人間のようだがまったく同じではないという外観で、同じ反応を引き起こした。

ハリウッドと対照的に、ボストン・ダイナミクス社（2013年にグーグル社が買収）は米国軍用のロボットを製造している。ロボットのチーター、人型ロボット、荷物を運ぶ動物のロボットなどのユーチューブの動画には、何千万もの閲覧があった。それで、大勢の人が最先端のロボット科学を初めて見ることになった。私にとって最も印象深かったのは、視聴者がそこそこ多かったことよりも、遠隔操作の多目的ロボット、パックボットの安定性を示すために、ある人が押したり蹴ったりしたときの学生たちの反応だった。カメラに写った犬を誰かが叩いたかのように、息をのんだのだ。

ロボットは数がどんどん増え、有能になり、多様になっている。長期的には、経済や市民に対するロボットの破壊的影響が、自動車のそれと同等になっていくと考えられる。こうした大きな変化のなかで、人びとはどうなるのかと不安をいだき、規則や規範や対抗手段を要求するだろう。市民は仕事、賃金、職場の安全性など、また歳をとっても尊厳をもって生きること、世界戦争における大きな変化、プライバシー、その他ロボット学によって変わるかもしれないもろもろのことに、強い関心をもっている。とはいえ、多くの要因が結びつくため、今日の、また明日のロボットに何を望むかという議論を進めるのはじつに難しい。

見識ある対話を妨げるもの

革新的なものが出現したとき、それが異質なものから目新しいものに進み、さらに人目につかずどこにでもあるものに変わることを、命名の歴史が示している。100年と少し前、自動車は「馬のいらない馬車」と呼ばれた。それが何であるかではなく何ではないかによって定義されたのである。最近では、米軍はドローンを、「UAV」つまり無人機と呼んだ。やはり、無いもので定義する流れを踏襲している。

「ロボット」という言葉は1920年代に生まれ、最初はある種の奴隷を指していた。ロボットはしばしば、退屈な仕事や汚い仕事、または危険な仕事を人間の代わりにすることができるのが特徴とされている。この分野の科学技術が急速に進歩し続けているのは、グーグルの自動運転車や、同社がシャフト社とボストン・ダイナミクス社から買収した人型ロボットを見ただけでもわかる。このように変化が激しいため、コンピューター科学者たちはロボットとは何かについて合意のようなものに達することもできない。

（1）周囲の状況を感知し、

（2）さまざまなインプットを受けて論理的推論をし、

（3）物理的環境に対して作用することができる装置はロボットといえる、

と論じる学者もいれば、ロボットは物理的空間の中で動かなければならない（したがってネスト社のサーモスタットはロボットではない）と主張する学者もいる。さらに、本当のロボットは自律していなければならない（したがって工場の組み立て装置は除外される）と言う人たちもいる。**理由その一。ロボットについて語るのはなぜ難しいのか。それは、この分野に最も詳しい専門家の間でも、もろもろの定義が定まっていないからである。**

機械工学の教授を長年務め、スタンフォード人工知能研究所（ＳＡＩＬ）に創設時から関わっていたバーナード・ロスは、この分野における長年の経験に基づいて、もっと微妙な定義を提示している。ロスはまず、「『何がロボットだ、とか何がロボットでない』という定義がいつか広く合意される」ということを疑い、それよりはるかに相対的で条件つきのアプローチで、「私の考えでは、ロボットという概念は、ある時期にどの活動が人間のもので、どの活動が機械のものかに関係している」と論じている。関係のある能力が出現すれば、概念も生まれる。つまり、「ある機械が突然、ふつう人間のものだと考えられていることをできるようになったら、その機械は分類上ロボットに昇格できる。しばらくして、その活動を機械がしていることに人間が慣れたら、その装置は「ロボット」から「機械」に降格される」という。[*1] **理由その2。時間がたって社会的状況と技術力が変わるにつれて、定義も不規則に、また脈絡なく進化する。**

ロボット学に期待されるものは、ほかのどの新技術とも違う。なぜなら、ロボット学の用語がSF小説や映画・テレビ番組の遺産にあまりにも深く結びついているからである。商品になる前に、これほど広く語られ、研究された技術はほかにない。インターネット、携帯電話、冷凍と空調、エレベーター、原子力、そのほか数え切れないほどの、生活と状況を作りかえた技術革新が、比較的静かに市場に登場した。新技術をめぐる膨大な数のファンタジーが創作され、それが何億人もの読者や視聴者に届くことがあったとしても、それは発売後のことだった。それとは著しい対照をなして、ロボット学の科学技術が先にフィクションに登場してから調整されたのは、前代未聞のことだった。**理由その3。技術者より先にSFがロボット活躍の場の線引きをした。**

この逆転現象はひとつには、歴史上の偶然に関係している。ペーパーバックとコミック本、映画、テレビがSFを大量に広めた1940年から2000年という期間が、ちょうどそれらの媒体の成熟期に重なっていた。そのため、マスメディアの技術が手伝って、コンピューター・機械によるイノベーション全体に対する一般人のイメージと期待が生まれた。それは、使える製品が発明される以前の、複雑で広く蔓延した前代未聞の期待だった。

現代西欧のロボット学がSFの影響を強く受けているからといって、どうしてそれが問題なのかといえば、意味と期待のシステム全体が事実ではなくファンタジーによって生み出されたものだからだ。いちばん重要なのは、SFが「実際の」ロボットへの期待を、あり得ないほど高くしてしまったことだ。非技術系のジャーナリストや小説家ばかりかオックスフォード大学の哲学教授ニック・ボストロムまでが、ロボットが意志をもって作製者に敵対することがありうるのかと問う。それが技術的に不可能と思われるにもかかわらずだ。ここでの要点は、ほかの文化の貨物が小説や映画にこっそり持ち込まれたことにある。倫理、自律性、想定されている邪悪になる可能性などを検討するのと同時に、ロボットと仕事、戦争、人間ができることとできないこととの関係を意識的に再考する必要があるだ

マスメディアの技術が手伝って、
コンピューター・機械による
イノベーション全体に対する
一般人のイメージと期待が
生まれた。

ろう。

ここで、命名の別の問題を挙げなければならない。ロボットを扱った小説や映画などの遺産というわけでもないが、人工知能という関連概念は多くの非ロボット研究家にたちまち混乱と不信感を引き起こす。スペースX社とテスラモーターズ社のCEO、イーロン・マスクは2014年のMITのシンポジウムで、AI（人工知能）は人類の「存続にとって最大の脅威」になりうると、次のように述べた。

人工知能には細心の注意が必要だと思います。人類の存続にとっての最大の脅威を推測するとしたら、それはたぶん人工知能でしょう。だから人工知能には細心の注意を払う必要があるのです。人類がとてもばかげたことをしないように、国とか国際的なレベルでなんらかの規制制度をつくらなければならないという考えが、科学者の間で増えています。人は人工知能で悪霊を呼び出しているのです。魔除けの五芒星と聖水をもっている男が登場する物語では、どの男も、そう、悪霊を意のままにできると確信しているようですが、そうはいきませんでした。*2

マスクは自身の考えを広い科学的視野に基づいて説明しようとしているが、じつは神話とフィクションを根拠にしている。魔法使いと悪霊はさておき、人工知能の最大の成功が見られたのは、管理された限られた分野だったことを思いだそう。チェス、囲碁、それにクイズ番組「ジェパディ！」が目立ったところだが、先行入力検索フィールドや自動モバイル広告表示も負けていない。決定的に重要なのは、一般的人工知能（と結局は人間のような認知力）と、信用評価、不正検出やグーグルマップのルート選定など、専門作業以外には基本的に無価値な特定分野用のアルゴリズムを区別することである。[*3] とはいえディープラーニングは急速に大きく改善されているが、あとで述べるように、ヒトの脳はたぶん、成功の基準にはふさわしくない。

だが能力で人間を超える人工的生命体への恐れが広がっている。この恐れは、プリンターをつなぐというような、すこぶる基本的な作業が人工知能にとってはいまだに難しいにもかかわらず、根強く残っている。ロボット技術が「AI」とか「ロボット」、アップル社の音声認識型ソフト「シリ（Siri）」、あるいはスパイク・ジョーンズ監督の映画『her／世界でひとつの彼女』のサマンサのように過度に発達した「人工知能型パーソナルアシスタント」と呼ばれようと、大した問題ではない。架空の描写が生み出した恐れと不安は、現実のロボットに対する人の反応——しばしば、「迫力に欠ける」と言われる[*4]——をはるかに超えている。**理由その4。ロボット学は、認知度が低く多くの文化で不気味に描かれる他の技術にまぎれこむ。

経路依存性

研究所で始まって広く使われるようになる新技術はどれも、一連の段階を通る。まず基礎科学、次に応用科学というのはとてつもなく困難な場合がある。この開発段階での工学技術は難しく、当面の第1の問題は「どうしたらこれを動かすことができるか」である。その少しあと、ただし起業家などがビジネスモデル上の問題（「どうしたらこの技術で儲けられるか」）を解く前に、その技術の将来の影響力の大半を決めるデザイン決定がある。交流対直流電流、鉄道の軌間、タイプライターのキーボードの配置などはすべて、「経路依存性」という経済的概念、つまり現在の選択は過去になされた技術的決定によって制約されることの一例である。[*5]

とくに人工知能、ロボット学、センサーや情報収集・処理などの分野では、エンジニアや科学者以外の人たちが話し合いに加わらなければならない時期に来ている。「どうやってこれを動かすか」という問題は依然としてあるが、今後の経路についても多くの選択肢から選ばなければならない。要するに、今はより多くの人びとに、こうしたテクノロジーに何を望むか、そして何を避けたいかを聞くべきときなのだ。ロボット学は、生計と富の蓄積、個人としての存在と他との関係、市民権と戦争、プライバシーと個人の主体性などにおいて多くの意味をもちうる。デザインの選択にも、制約は製造上の問題だけでなく、ほかにもたくさんある。政治、経済、運、その他の力も働くが、これまでのところ、それらは表層的にしか考慮されていない。[*6]

話が抽象的なので、ふたつの例を考えてみよう。ジャロン・ラニアーが著書『You Are Not a Gadget（人間はガジェットではない）』のなかで格好の話を書いている。電子楽器デジタル・インターフェース（ＭＩＤＩ、ミディ）が初めてシンセサイザーをコンピューターに接続したとき、デザインを決めたのはキーボード・トリガーを基本的にバイナリ、つまりキーが（デジタル上で）「押されて」いるかいないかにするコンピューターの状態だった。しかしブルースなどの非人工的な音楽では、演奏者はたとえばギターやハーモニカで「ベンド」奏法などによって音程を変えることができる。ミディの音楽では初期仕様による経路依存性のため、そういう微調整ができない。その結果、ラニアーが言う「ビープ」音の電子音楽を30年間聞かされるはめになったが、じつはそうなる必要はなかった。[*7]

その後、グーグルがユーチューブ、Ｇメール、グランドセントラル（２００９年からグーグル・ボイス）などのソーシャルサービスを拡張して、２０１１年導入のネットワーク「グーグルプラス」に統合した。いくつかの理由で、このサービスを利用するには実名と性別を登録しなければならなかった。実名登録にはオンラインフォーラムでののしり合戦を減らし、グーグルが広告のためにプロパティを通してユーザーの行動を追跡しやすいという利点もあったが、人によってはプライバシー関連で悪夢のような出来事に見舞われた。グーグルがグーグルプラスの情報をアンドロイドのアドレス帳に統合したせいで、少なくともひとりのトランスジェンダー者の性同一性問題が、許可なくテキストメッセージ中で露呈されたのだ。２０１４年にグーグルの共同創業者でグーグルプラスのデザイン設計決定に深く関わったセルゲイ・ブリンが、次のように認めた。「私はおそらく、社会（ソーシャル）についてものを言うには最もふさわしくない人間だろう。あんまり社会的人間ではないから」[*8]と。数え切れない設計選択の場合と同様に、その決定も広範囲に及ぶ結果に至った。個人の不便さに加えて、なお悪いことにグーグルの多くのウェブサイトにわたって実名で統一するようにブリンが固執したために、多くのユーザーが遠ざかり、グーグルプラスの一般受けがよくなかったのも、おそらくそれが一因だったと思われる。２０１４年のうちに、グーグルはその方針を捨てた。

ロボット学はなぜ問題なのか——具体的な考察

１９５０年から２００５年あたりにデジタルコンピューター処理について私たちが知ったこととロボット学は、どう違うのだろう。すぐにも取り組まなければならない大きくて複雑な問題の例を、いくつか挙げる。

１　電柱、人の顔、人のポケットの中、地中（水道本管や地震活動モニター）、空中（ドローンによる写真撮影が、急展開する司法判断と論争を引き起こしている）など、どこにでもカメラとセンサーがあって、プライバシーや安全性、リスクの境界線がすべてリセットされている。見られる人の権利と見る人の責任は、どこにあるのだろう（蔓延する監視、ソーシャルネットワークでの仲間からの圧力、勝者独占市場の反ユートピア的様相がデイヴ・エガーズの小説『ザ・サークル（The Circle）』に見られる）。

２　ロボットが戦闘に入るとき、いつどうやって指示するのか？　自動運転の自爆装置は誰がプログラムを組むのか（自称イスラム国家ＩＳが２０１６年の初めにそれをやっていたと報じられた)。小型無人機の操縦者やロボットのソフトウェア作成者は、戦争犠牲者保護のためのジュネーブ条約の対象になるのか。ロボットが拷問をしたら、責任は誰にあるのか。ロボット技術は軍がやけに積極的に開発したために、戦争や紛争の場面でいろいろ議論を呼ぶことになるだろう。

3　コンピューター科学、情報理論、統計学、物理学(磁気媒体関連)などはどれも、機器がどんどん増えていくこの地球という惑星で生み出された大量のデータによる負荷試験を受けている。センサーはロボット工学に付き物で、この両分野はたいてい、区別するのが難しい。ゼネラルエレクトリック社のジェット機は、世界中で平均2秒ごとに離陸しているという。それぞれのジェット機が1回のフライトで1テラバイトのデータを生み出す。[*9]これを仮に10分の1に圧縮してフライトごとに100ギガバイトにしたとしても、毎日の生データがDVD100万枚ほどになる。これを全部保管するのは期間にかかわらず不可能だから、サンプリング、(さらなる)圧縮、ロギングなどのデータ処理を総動員しなければならない。これほどの情報問題をほぼすべての領域で処理するのは大ごとで、ビジネス、学問、医学はもちろん、スポーツでも大問題である。

4 技術的知識の寿命もどんどん短くなっている。機械学習やロボットにおけるマシンビジョンなどの分野が急速に発達し、そのため雇用形態や昇進が複雑になっている。ロボットが肉体労働者の仕事を奪うのは明らかだが、エンジニア、プログラマー、科学者なども、現在の技能を維持するのに苦労するだろう。そのうえ、私たちが扱う対象は製品よりもプラットフォーム（マイクロソフトのウィンドウズ、アップルのiOS、グーグルマップなど）のほうが増えてきている。プラットフォームははるかに強力になっている。チュンカ・ムイとポール・キャロルが指摘しているように、グーグルの自動運転車はどれも、グーグルのほかの車すべての経験から学ぶ。[*10] ならば、グーグルがアンドロイドの共通ソフトウェア基盤に車やロボット、サーモスタット、時計、電話などを入れることができた世の中を、私たちはどう考えるのだろう。プラットフォーム経済学はロックインやライセンスの独占権などの重要な概念を巻き込んで、広範囲に強力な社会的影響を及ぼしている。

5 野ばなしで動き回っているコンピューター処理と関わるためのルールは？ グーグルグラスのヘッドセットを装着した女性がバーで、暗黙の社会契約に違反したあと乱暴された。自動運転車にはまだ、明確な責任法がない。銃や特許権・著作権つき物体の、3Dプリンターによる造形の位置づけが決まっていない。道路にいる見知らぬ人の顔認識を起動することができるようになったらどうなるかを、まだ誰もしらない。グーグルは、ネスト社のセンサーデータを広告ターゲット設定に使ったら、消費者（またはEU）の拒否反応を受けるかもしれない。これらのルールが重要であることを示す例として、電話が初めて世に出たとき、紹介されていない人物に呼びかけるのは失礼なことだった。そのため、多くの言語に2種類の挨拶語ができた。電話用の「もしもし」（フランス語では「アロー」）と直接会うときの「こんにちは」（「ボンジュール」）である。アレクサンダー・グラハム・ベルには好みの挨拶語があって、電話では「アホイ」を使った。[*11] 130年後、次に来る物理的コンピューター処理の波のなかで、私たちには社会生活に適用される規範を含めて取り決めるべきことがたくさんある。

6　これらのテクノロジーは人間の能力をどのように増強するだろう？　外骨格型、介護ロボット、テレプレゼンス、人工器官などで、人間の姿形、能力範囲、自由度などが今後100年で変わるだろう。また、人間はどうやって新しいコンピューター処理を可能にするのだろう。ダ・ヴィンチ・サージカル・システム（ダ・ヴィンチ外科手術システム。これはロボットもどきだが、本当のところロボットの資格はない）と同じようにATMや自動運転車に教育する必要がある。人間とコンピューター・機械システムのコラボレーションの可能性には目を見張るものがある。あと何人のスティーヴン・ホーキング（車いすなど）、エイドリアン・ハスレット＝デイヴィス（義足）[*12]やロビン・ミラー（義眼）[*13]が出現するだろう。しかしまず、さまざまな技術的および非技術的課題を特定し、命名し、乗り越えなければならない（単に「解決する（solve）」だけではない）[*14]。そして、これらの増強の利用権をどのように配分するのか。

7 キーボードや画面、マウスと比べて、ロボット学は人間と機械が相互作用する無数の新しい方法の導入を助ける。うなずき、まばたき、指のスワイプ、音声による指示はもちろん、脳波でも動作を起こすことができる。人の多様性、文化の違い、言語の大きな違い、電力消費量や耐水性などの物理的制約条件があるなかで、人類はこれら新しい道具あれこれの「操縦」をどうやって学ぶのだろう。ひとつの興味をそそる決定事項は色にある。ソニーのアイボ、ホンダのアシモ、［医療用食事支援ロボット］ベスティック、［コミュニケーションロボット］ジーボ、［遠隔プレゼンスシステム］ビーム、アトラスⅡなど多くの移動ロボットはみな、今のところ、地味なおとなしい白色をしている。思えばデスクトップPCは何年間もベージュ一本槍だったのが、黒かグレーが一般的になり、その後アップルがトルコブルーとタンジェリンオレンジの色合いをつけた。人間にとって身近なコンピューターが幾重にも意味を伝えることを考えれば、赤い産業用双腕ロボット、バクスターが受け入れられるかどうか、また黒か茶色の自律ロボットが、もしかして白人ではない市場用に開発されたらどうなるかを注視する価値はあるだろう。

8　ロボット学と関連分野――モノのインターネット（ＩｏＴ）など――に必要とされ可能になったインフラストラクチャーは、産業経済のインフラとは大違いのようである。需要が増すにつれてシステムが大きくなり、管理制御の技術が改善される。こうした変化はある程度、新たなリスクを反映する。ロボット技術では別の種類の仕事場も必要になる。倉庫に人間を快適にするためのエアコンは不要になるが、組立ラインのロボットには安全ケージが必要だ。道路か空中か病院の廊下かにかかわらず、移動するロボットが人間の運転者とは違う信号や安全対策を必要とすれば、輸送システムも変わるだろう。

これら8つの疑問全体に、電源管理、磁気記憶、材料科学、アルゴリズム的計算などなどの技術分野に加えて法律、信仰、経済、教育、治安、人間のアイデンティティが関わってくる。ロボット学の影響は広くて大きいため、専門家だけに任せておくにはあまりにも重要であり、問題はすぐ目前に迫っている。

ロボットとロボット学にまつわる法律や物語、経済勢力、盲点などは必然でもなく自明でもない。それらは作り、もつれを解き、評価するのに労力を要する。コンピューター処理の次の波は重大な変化を取り入れることになるだろうし、それは結局、自動車や家庭の電気、水道がもたらすものと対抗することになる（例として、その倫理的、政治的、戦略的意味について公の議論も議会での議論すらもされていないまま起こった、小型無人機戦争の重大な影響について考えてみるといい）。自動運転車、埋め込みまたは顔面実装型コンピューターおよびセンサー、自律ロボットなどの技術がどれも、10年単位ではなく数か月で市場に出ることを考えると、それらの技術を監督する人たちの輪も広げる必要がある。エンジニアと科学者は再三再四、「どうすればこれを動かすことができるのか」という疑問に答えてきた。今やもっと多くの人が、「各領域で、どんな現実的選択ができるか」を考え、その選択を手伝うべきときである。

この道は決してまっすぐではない。「チョイス・アーキテチャー（選択設計）」が明らかにしているように[*15]、人は既知の代替物を提示されたとき、しばしば何がほしいのかわからなくなる。「新しい新」製品を評価する方法として、グループ対話などによる市場調査には致命的な欠陥がある。アイフォーンが発売される前、スマートフォンの販売はほとんどブラックベリー社とノキア社の端末に限られており、「ガラスのインターフェース」「スマートフォンなどのタッチセンサーによるインターフェースを指す」をもつものはなかった。5年後、アップルとグーグルのモバイルOSアンドロイドが市場を支配するようになって、両社とも基本的に退場していた。ブラックベリー（旧名リサーチ・イン・モーション社）もノキアも研究開発に多額の費用をかけたにもかかわらず、である。これまでのところ、ロボット市場はまだ好みを言明していない。そうは言っても、私有のドローンや顔面実装型コンピューターなどの技術については、「交通規則」や完全な禁止、採用初期段階の警告標識などを検討すべきときがきている。

「ロボット倫理学」という分野が、これらの問題のいくつかを扱っている。[*16] ひとつの考え方はアイザック・アシモフにさかのぼるが、今でも人間対コンピューター・機械の主体性、とくに人間に対する害の問題について大いに検討されている。人には、どちらも存在しないのに認識と動機があると思う（「機械は考えている」）深く根づいた習慣もある。より最近になって、第1に自己保存のために撃つようプログラムされた軍用ロボットの倫理的側面が、NGOによるキラーロボット反対キャンペーン[*17]に端を発して世界中の注目を集めている。また、代表的な脳科学者スティーヴン・ピンカーは人の道徳上の責任についての立場を明確にして、こう言っている。「なぜロボットに命令に従えと命令するのか。なぜ最初の命令では不十分なのか。危害を加えるなとロボットに命じればすむ話ではないのか。

そもそも、危害を加えろとロボットに決して命じないより、そのほうが簡単だろうに」[*18]。加えて、自己認識の争点があると同時にロボット学に広く応用できる分野である人工知能の新たな能力が、人と機械の境界をさらにあいまいにしている。今後何年かのうちに行われる設計決定の一部は一か八かの賭けであり、その結果は人間の主体性、アイデンティティ、そして信念そのものに関わってくる。

ロボット学は新しい層の複雑さを人工知能の分野、「ビッグデータ」、そして究極的には人間の意味にもたらす。人工生命をも生み出そうとする人間の長い歴史に新たな章が出現するだけでなく、人はいまや、広大なネットワークのなかで、単一の実体とは違う行動をとる人工生命をも生み出すことができる。フランケンシュタイン博士がつくったものはボストン・ダイナミクス社のロボット、アトラスの前触れと考えることができるが、自己調節センサーネットワークや自己組織化するドローンの群れの先例はない。人類が慣れるより急速な技術革新が起きていて、さらに事態を複雑にしている。

この推移は初期段階のもので、人間の知力はしばしば、機械の設計者が目指すべき究極の目標として掲げられる。レイ・カーツワイルのシンギュラリティという考え全体が、「我われは（望むのであれば我われ自身のソースコードを評価するために）我われ自身の知能を知り、次にそれを修正・拡大する能力があるという考え[*19]」に基づいている。同時に、能力において人間に優る機械は、技術史家ラングドン・ウィナーがみごとに分類した「制御できない技術」という考えの新たな章である。原子力の例がはっきり示しているように、なんであれ新技術を早期に取り入れるときは慎重だが、ロボット技術への人の恐れは大部分、見当違いである。リシンク・ロボティクス社のCEOで、MITで長年、ロボット学の研究をしてきたロドニー・ブルックスが言うには、人工知能を実現するのはまことに難しく、シリコン回路で意識的悪意をつくるのに少なくとも1世紀かかりそうだという。ブルックスは2014年11月にこう述べた。「我われがとてつもなく幸運なら、今後30年以内にトカゲ並みの意図をもつ人工知能ができるだろう。そしてその人工知能を使ったロボットは役に立つ道具になるだろう。そしてそのロボットたちはおそらく、ほんとうに人間を認識することはないだろう。意図して人間に悪さをする人工知能のことを心配するのは、恐怖心をあおることにほかならない。まったくもって、時間のむだである[*20]」。

人類はある意味で、医療ロボット、ダ・ヴィンチと、ライト兄弟の動力飛行開発の間のどこかの段階にいる。飛行機は羽を振り動かして飛ぶのではないし、鳥は500人を9500マイル（1万5000キロメートル）運んだりはしない。人間の脳を解析調査するプロジェクトは電子より化学に基づいて行われることになるが、適用性が限られると思われる。ハリウッドで作られた原型とほのめかしの代わりに私たちに必要なのは、オーヴィルとウィルバーのライト兄弟が正当に評価されていない実験室での作業である。彼らは単に飛行機を発明したのではなく、航空工学（飛行機を飛ばす方法も）を大きく進歩させた。ロボット学と人工知能に埋め込まれた人間の隠喩がこの分野における進歩を形づくり、進めと鼓舞しながら、おそらく同じ分だけ足を引っ張っている。22世紀の人工知能はたぶん、飛行機が鳥のまねをせず、車輪が脚のまねをしないように、人間の脳のまねをしないだろう。生物模倣のその先の問題を構成することが、この過程の最初の一歩である。たとえば認識にとっての「風洞」をつくるのは誰か、というように。

コンピューター処理やSF、映画製作などがどうなっているかにかかわらず、人は科学技術の最先端に新たな植民地をつくろうとしている。開拓者に敬意を払うのは妥当なことだが、遵守する法律、関税、経済や社会慣習について入植者が発言権をもつのも同じように妥当なことである。物質世界に住み変貌させるコンピューター処理にますます近づいて暮らしている今、ロボット学を表現するのに使っている精神的モデルに疑問をもつべき時なのである。

第2章 「ロボット」誕生前

人類は何千年もの間、生命を再生しようとしてきた。21世紀初めの多くのロボットもその伝統を踏襲している。とくに、例をひとつだけ挙げてもメアリー・シェリーのフランケンシュタインの影響は誇張しすぎることがないという議論がある。これは、問題があるとともに根強いものであることを考えれば、現在の取り組みの背景を認識することが重要である。

用語

歴史を振り返る前に、用語を少し見てみよう。ロボットはずいぶんなじみ深いものだが、定義しようとするととてつもなく難しいことがわかる。アメリカ・ヘリテッジ英語辞典（第3版）はこう説明している。「**ときに人間に似た**、命令によって、または事前にプログラムすることによって、多くは複雑な各種の人間の仕事を行うことができる機械装置（強調筆者）」。この生物模倣は、とくに自律ロボットに関して一連の問題を提起する。オックスフォード英語大辞典（OED）の定義は次のように、第2の文学的複雑さの領域を取り入れている。「主としてサイエンス・フィクション。一般的に金属製でどこか人間その他の動物に似ている知的人工物」。

ロボット研究者自身も、自分たちの分野の定義を特定しようと格闘している。自律ロボットの専門家ジョージ・ベーキーはロボットを、その特性、つまりセンシング（センサーによる感知）、人工認識と物理的行為によって定義した。「ロボット研究者に、ロボットとは何かと決して訊いてはいけない」とカーネギーメロン大学のアイラ・レザ・ノーバクシュ（同じく自律ロボットの専門家）は言う。「なぜなら答えがあまりにも早く変わるから。ロボットはこうで、ああではないという最新の議論を研究者たちが終える頃には、まったく新しいインタラクション技術が生まれて最先端が先へ進んでいる」[*1]。ロドニー・ブルックスはMITにいたとき、ロボットを「人工的生き物」と呼んだ[*2]。大学の教科書を適当に選んでみると、「米国ロボット協会はロボットを、プログラムされたさまざまな動きによって物質、部品、道具、または特殊装置を動作させてさまざまな仕事をするように設計された、再プログラム可能な多機能マニピュレーターと定義している。**この定義は人間を除外**

しない[*3]」と書いてあった。

ＭＩＴのシンシア・ブレイジールは身ぶりや顔の表情、音で人と交流する特殊な人型ロボット、キズメットの研究で名を上げた。「人付き合いのいいロボットとはなんだろう」と彼女は自著で自問し、「その定義は難しい」と自答している。そして、例としてＳＦをいくつか挙げたあと、こう主張した。「人付き合いのいいロボットとは要するに、人間のように社会的知性があって、別の人間と付き合うようにそれと付き合えるものである。最高にうまくいったときには、こちらが友だちと思えるように、むこうも友だちと思う[*4]」。ここでも、代表的なロボット研究者がロボットを、その性質ではなく行動で説明している。

２つの比較的最近の定義から、一致した意見がないことがよくわかるが、個人生活と公人の生活に広範囲に及ぶ意味をもつテーマについて、知的な議論を発展させようという段になると、深刻な問題になる。南カリフォルニア大学のマヤ・Ｊ・マタリクが２００７年に著書『The Robotics Primer』を、この重要な分野の義務教育レベルの手引書として出版した。最初の章が始まってまもなく、彼女はこう書いている。「ロボットは物質世界に存在する自律システムで、環境を感知することができ、それに基づいて行動してなんらかの目標を達成することができる」。続けて、次のような信念を強調している。「ロボット…それは人間からの情報と助言を受け取ることができるかもしれないが、それに完全に管理されるわけではない」。[*5]

この厳密な定義は手術ロボットや無人航空機、産業ロボットなどなじみ深い多くの機械を除外しているが、これを2013年に『シックスティ・ミニッツ』の番組で使われた、技術革新による失業に焦点を当てた定義と対比してみよう。司会のスティーヴ・クロフトがコーナーの皮切りにこう言った。「ロボットが何でどんな外見をしているかについては、人それぞれ考えが違いますが、広い一般的な定義は、人間の仕事ができる機械というものです。動けるものもあれば動かないものもあり、ハードウェアだったりソフトウェアだったりいろいろですが、SFの世界を出て本流に入ろうとしています」。[*6] ロボット研究者の定義と重なるものがほとんどないのは別としても、この特徴づけが注目に値するのは、制御不能になって人間のご主人様に叛乱を起こす機械という、言外のテーマがあるからだ。

コンピューター科学のど真ん中から、同じように包括的な見解が出ている。すべてのインターネットトラフィックの基礎になっているトランスミッション・コントロール・プロトコル（TCP）とインターネットプロトコル（IP）の研究で有名なヴィントン・サーフが、2012年に国際計算機学会の会長に選ばれた。2013年1月の論説で、サーフはこう述べた。「ロボットという考えは、機能を果たし、インプットを取り込んで、目に見える効果のあるアウトプットを生み出すプログラムを含むように、うまい具合に拡大できる」。頻繁な株取引を例として挙げたあと、彼はこう論じた。「物理的効果ではないとしても、現実世界で効果をもちうるプログラムは、ロボットとして扱うべきであると結論できるかもしれない」。サーフは最後に、厳密に定義したロボット学を含む現在のコンピューター処理とコミュニケーションが意味するものについてのより広い懸念を明らかにして、こう述べている。「コンピューターの世界で我われが生み出すものや、それらを生み出すために使うツール、その生み出されたものが示す復元力と信頼性、**それらが持ち込むかもしれないリスク**などについて、もっと深く考えるのを奨励することは、社会のためになるだろうと信じる」[*7]。

この考えは、ロボット学の議論を擬人化から遠ざけて手段に向かわせるものである。サーフの考えでは、ロボットは概してソフトウェアの一機能であって、それが住みかとする箱ではない。しかしそのソフトウェアは、DoS（サービス妨害）攻撃の形だろうと物的インフラに対するサイバー戦争（たとえばイランの核燃料濃縮用の遠心分離機を使用不能にしたコンピューターウイルス、スタックスネット）だろうと、あるいは可動性の自律ロボットの中だろうと、原子の世界に似た意味をもつようになってきている。

私たちの目的にはジョージ・ベーキーの定義がいちばん役に立つ。ベーキーは2005年にこう書いた。「ロボットは**感じとり**、**考え**、**行動する機械**である。したがってロボットにはセンサー、認知のいくつかの側面をまねる処理能力、そして作動装置がなければならない」[*8]。ロボット学はそれらの装置の研究、設計、組み立てを組み合わせた総合科学であり、コンピューター科学が先頭に立つが材料科学、心理学、統計学、数学のほか物理学や工学の各分野を利用する。人工知能は人間の認識力の全般または抑制し最適化すべき区切られた領域を、シリコン半導体で再現させるものである。

歴史上のオートマトン

このように定義が不確かであるにもかかわらず、世界中で何十億人もの人が、文学とハリウッド映画のおかげでロボットを見ればそれとわかるのだから、ロボットという言葉が最初は何を指していたかを確かめておかないわけにはいかない。人は何千年もの間、生命体の自動化モデルを生み出してきた。鳩時計、おもちゃ、精巧につくったオートマトンまがいの物などは何百年も前からあった。一例を挙げると、1770年のチェスをするオートマトンは中にチェスの名人が隠れていたから、ベンジャミン・フランクリンとナポレオン一世も打ち負かした。この機械の名前をもらったアマゾンのウェブサービスの一つメカニカルターク（機械仕掛けのトルコ人）は、コンピューターが得意ではない仕事、たとえば画像認識をクラウドソーシングによって人に頼むサービスである。もっと派手な発明が、ロボット学の範囲を定めようとし続けている国フランスからやってきた。啓蒙主義の申し子ジャック・ド・ヴォーカンソンが、宇宙は時計のようなものだという考え方を生命に取り入れようとしていた。１７３５年、26歳のとき彼は「世間の好奇心をかきたてそうな機械」、具体的に言うと機械のアヒルを発明した。[*9]

ヴォーカンソンのアヒルは本物のような外見にふつうの機械的特性を組み合わせたもので、座ったり立ったり、よたよた歩いたりクワックワッと鳴いたり水を飲んだり、トウモロコシのペレットを食べたりすることができた。ヴォーカンソンは二流の技で有名になって、ルネ・デカルト、ジャン゠バティスト・コルベール、ブレーズ・パスカルらと並んで名高い科学アカデミーの会員に選ばれた。機械のアヒルは排便もした。人びとはその不思議なものを見るために行列をつくり、週給に等しい入場料を払った。ヴォーカンソンはその後フランスの絹工場の長になり、そこで１７４５年に織物の柄を管理するパンチカードシステムを発明した。それが１８０１年に発明されたジャカード織機の基礎となり、やがて早期のコンピューターに影響を与えることになった。そこでも再度、一連の演算を管理するのにパンチカードが使われたからである。アヒルはどうなったかと言えば、40年後にチェスの機械と同じようにペテンであることがわかった。アヒルは消化していたのではなく、食べ物をひとつの容器に取り込んで、別の容器から出していただけだった。

有名な政策アナリストP・W・シンガーが指摘しているように、ヴォーカンソンのアヒルは人工生命を生み出そうとする人間の長期にわたる努力を、生き生きと写し出している。ユダヤの民間伝承で、無生物材料でつくられる擬人化物ゴーレムの考えは、聖書の時代からあった。何世紀もの間、「アンドロイド」という言葉はオックスフォード英語大辞典にあるように「人間に似たオートマトン」という意味で使われてきた（この言葉が出現したのは1728年で、悪名高いアヒルが出現する10年足らず前のことだった）。メアリー・シェリーが最初のSF小説とよく称される『フランケンシュタイン』を1818年に出版して、実験室で生命を生み出そうとしたあげくの悲惨な結末を描いた。1822年にはチャールズ・バベッジが、2万5千超の部品をもつ機械式計算機「階差機関」を組み立てた。このように人びとは長い間、人造の生命類似物を生み出そうとしてきた。ロボットが登場したのはいつだったろうか。

オートマトンとサイエンス・フィクション

1920年に戯曲R・U・R（ロッサム万能ロボット会社）を発表した頃には、カレル・

チャペックはチェコの著名な知識人の一人になっていた。ほかの作家と同じように彼も、第1次世界大戦をそれ以前の戦闘と違うものにした、機械的兵器と化学兵器よる大虐殺にひどいショックを受けていた。その戯曲によって、生物由来物質でつくられる人造人間を意味したロボットという新しい言葉が、英語の仲間入りをした。それは近代がもたらした人間性の喪失に対する抗議だった。そこでは、服従、野心の欠乏、そして退屈な仕事をいとわない態度がすべて批判されていた。ロボットの語源は、奴隷がするような強制労働を意味するチェコ語の「ロボタ」で、スラヴ語の語幹「ｒａｂ」は「奴隷（slave）」を意味する。したがって、ロボットを指す最初の言葉は金属でも機械でもなく、劇中で人間と間違えられたものも何体かあったように、正確にはアンドロイドを指していた。

その劇はあちこちで上演され、台本は多くの言語に翻訳された。おそらくロボットが、とにかくＳＦでは時宜を得たアイデアだったから、その後10年間にわたって多くの場面に登場した。このように、私たちが今直面している定義上の難問は、機械の時代に人命の価値が下がるのに対抗して一作家が奴隷の暗喩を用いた、約１００年前に発生した。１９２０年代のロボットのイメージは、生命を生み出し、機械的発明をフランケンシュタインとそれ以前の自信過剰な人類の伝説に結びつける、人間の傲慢さを中心としていた。しかし１９４２年には、定義の次なる波がロボットのイメージを、はるかに明るい方向に向けようとしていた。

著書によって直接に、あるいは広範な影響によって間接的に、アイザック・アシモフ（1920年ロシア生まれ、本名イサアーク・ユードヴィチ・オジモフ）がひとりで、ロボットとはどんなものかという北米でのイメージを広めた。アシモフは驚くほど多作な（500以上の本を書いた）作家生活の初期に、SFという近代的ジャンルの創設に寄与し、後年は文芸批評、科学系ノンフィクション、ミステリー、小説などを発表した。1939年にコロンビア大学で、3つとった学位の最初のものを化学で取得したあと、アシモフは『アスタウンディング・サイエンスフィクション』誌の編集長だったジョン・W・キャンベルと組んでロボット三原則を編み出した。これはアシモフのロボットものSFの基本的性質になり、当時その分野に正式な定義、行動の倫理規定その他の指標がなかったロボット研究者を導くものにもなった。ロボット研究の初期には、SFは強力なインスピレーションを与えるとともに唯一広く触れられる手段であって、アシモフがその先頭に立っていた。

のちの1980年代にロボット学の状態を概説したノンフィクションでアシモフが書いたように、「ありえないほど性悪かありえないほど高潔なロボットにうんざりして、ロボットが単なる機械とみなされ、すべての機械と同じように十分な安全装置付きでつくられるSF物語を書き始めた[*10]」。この動機に駆られて1940年代に書いた短編小説のうち9

編は短編集『I, Robot（われはロボット）』に収められた。そのなかの1編でアシモフが「ロボット工学（Robotics）」という用語をつくり、現代の科学工学の1分野全体をその名で呼んだ。

アシモフのロボット三原則はフィクションの環境を明らかにするのには功を奏したが、実際問題ではあまり役立たなかった。ファンタジーの前提として書かれてから75年近く、人びとがそれらをハードウェアにエンコードしようと何度試みても、うまくいかなかった。ロボット三原則とは、左記のものをいう。

1 ロボットは人間を傷つけてはならず、また怠けることによって人間に危害を受けさせてもいけない。
2 ロボットは、命令が第1の原則に反しないかぎり、人間の命令に従わなければならない。
3 ロボットは、第1および第2の原則に相反しないかぎり、自身の存在を守らなければならない。[*11]

のちに短編小説に個人だけでなく社会全体と交流するロボットを登場させたとき、アシモフは第4の原則を追加し、論理的には最優先になるということで「ゼロ原則」（左記）と名づけた。これはそれまでのアシモフの三原則に優先した。

0　ロボットは人類に危害を加えてはならず、また怠けることによって人類に危害を受けさせてもいけない。

アシモフの原則はロボット工学界に相当な影響を及ぼしたが、ざっと読んだだけでも、エンジニアがシリコン回路にそれらを組み込むのは困難、というより不可能であることが察せられる。P・W・シンガーはアシモフの原則について無人偵察機などの軍事技術との関連で、当然のことに第1原則は無視すると言う。シンガーは、テクノロジーに特有の倫理規定がないことが、戦闘の領域では厄介な問題である（たとえば、ロボットを拷問の道具として使ってもいいか）が、ほとんどの業界が薬、銃、自動車などの倫理的にややこしい技術を、できるかぎり軽く制限していることを考えれば、驚くことではないと述べている。[*12]長年、MITでロボット学の取り組みを率いているロドニー・ブルックスはいともあっさりと、「これら三原則に従うほど気が利いて賢いロボットのつくりかたを知らない」と言い、「三原則がロボットにどれだけプレッシャーをかけたか、アシモフは知らなかった」ことは考えられるとつけ加えた。[*13]

テキサスA&M大学のロビン・マーフィー教授とオハイオ州立大学のデーヴィット・D・ウッズ教授がいわゆる「信頼できるロボット学の3原則」を提示したのは、2009年という最近のことだった。その論文は、フィクションの世界ではなく現実世界の工場や老人ホーム、研究所などにおける責任、意図、予期せぬ結果などについて、必要な疑問を問う方法を書こうとしたものだった。両著者の原則を次に示すが、これはコンピュータ・機械による知恵よりも人間の責任を最重要に考えている。

1　人は、安全性と倫理の最高度の法的および専門的基準を満たす、人とロボットの労働システムをもたずにロボットを配備してはならない。
2　ロボットは自分の役割に適するように、人間に応答しなければならない。
3　ロボットは自分の存在を保護するために十分な自律性を備えていなければならない。ただし、その保護によって第1および第2原則に反しない制御が円滑に移行する場合に限る。[*14]

要するに、SFが普及したことに伴う問題のひとつは、道徳実行の当事者として人間で

要するに、SFが普及したことに
伴う問題のひとつは、道徳実行の
当事者として人間ではなく
ロボットが強調されたことにある。

はなくロボットが強調されたことにある。

グレーゾーン

コンピューター制御のロボットの実地試験が半世紀以上にわたって行われた今になっても、ロボットはどんなもので、どんなものではないのかが完全に、または微妙なところまではわかっていない。倉庫の床に描かれた線に沿って動く無人搬送車（ＡＧＶ）の場合、感知と移動はできるが認知能力はないか、あってもほんの少しだと思われる。最初のＡＧＶは「ロボット」とは呼ばれず、今でもこの種の装置が何に分類されるのか、はっきりしていない。

一方、ふつうは決まった場所に固定されて電子メモリによって反復作業をし、人間の安全のためにケージ内で作業する産業ロボットは、その起源を一部、直接アシモフまでたどることができる。ジョセフ・エンゲルバーガーは、新種の工作機械をはるかに超えるものをつくる気になったと、つぎのように明言している。

再三再四、「それをロボットと呼ぶな。プログラマブル・マニピュレーターと呼べ。

生産端末とか汎用搬送装置と呼べ」という助言を受けた。しかし、これを表現する言葉はロボットであって、ロボットでなければならない。私はロボットをつくっていたのだ。文句あるか。あれがロボットじゃないとしたら、アシモフの用語なんか少しも面白くない。だから私は自分の信念を曲げなかった。[*15]

感知し、考え、行動するという枠組は、産業ロボットには合わないことがわかる。一部の人が主張するには、ロボットは動くことができなければならず、そうでなければコンピューター「ワトソン」もロボットということになりかねない。別の、もっと最近の例がシリコンバレーからやってきた。学習するサーモスタット「ネスト」である。センサーから情報を受けてワイファイ(Ｗｉ－Ｆｉ)で接続し、家族の挙動を追跡し、温度を自動的に調節する。ネストをつくったチームのメンバーはコンピューター科学とロボット工学で上級以上の学位をもち、真に革新的な消費者向け製品をつくってきた。多くはアップルのアイポッドかグーグル検索エンジンに携わっていた。ネストは動きや温度、湿度、明るさを感知する。動きがなければ、家には誰もいないから空調はいらない、と論理的に判断する。また行動もする。センサーが正しい情報を与えたら、自動的に暖房のスイッチを切るのである。

ネストは3つの条件を満たしているから、ロボットだろうか（グーグルがほかのロボットに投資したのとほぼ同時に新興企業のネスト・ラボ社を買収したことから、ネストはロボットだと考える人びとがいる）。

インチュイティヴ・サージカル社はダ・ヴィンチ外科手術システムを製造している。このシステムでは外科医がセンサー付きのレバーを使って、ダ・ヴィンチが患者の体内でプローブと手術用器具を動かすようにする。これは確かにセンサーを備えており、人間の患者に作用する。しかし自律した認知力がないのに、ダ・ヴィンチをほんとうに「ロボット」と呼べるだろうか。

アシモフはロボットとは何かを定義しなかったが、理想的なロボットが遵守すべき道徳体系を仮定した。そこでは辞書は役に立たない。ハリウッドのキャラクターは今後さらに分析されるだろうが、今のところは1960年代の漫画のメイドロボット、ロージー・ジェットソンもスタンリー・キューブリックのHALもジョージ・ルーカスのR2D2も、ロボットはどんなもので、どんなものでないかは明らかにしていないと言っておく。自動車工場で作業している何百もの産業ロボットも同じだ。だが私たちのほとんどは、ロボットを見ればそれがロボットだとわかる。

第3章 大衆文化に登場したロボット

神話

人工生命をつくって人間の特質をコピーしたり向上させたり超えさせたりしようとする努力の歴史は今も続いているが、始まりは数千年昔の中世ユダヤ伝説の人形ゴーレムで、その後、鳩時計、メカニカルターク、ヴォーカンソンのアヒルと続いた。いったい何が、こんなしつこい探求をさせるのだろう。人類は、自分たちが神、あるいは宗教上の名前が何であれ、創造主に並ぶ存在であることを証明しようとしてきたのかもしれない。宗教学の教授ロバート・ゲラシは、アダムとイヴの話が西洋文化に深く根づいているからだと、別の説明をする。アダムとイヴの行動によって人類は神の恩寵を失った状態で生きてきた。そのため人工生命を探求することは、その欠陥から逃れ、あわよくば新時代を打ち立てようとする試みとみることができるのだという。[*1]

その探求はユダヤ・キリスト教だけのものではない。日本の名高いロボット設計者北野宏明が驚くほど似た表現をしている。ここで、ロボットの起源についての彼の命名がきわめて重要なのだが、「［人型ロボット］ＰＩＮＯは、私たちの熱望だけでなく、成長と人間という言葉の真の意味に向かって人類がたどたどしく歩むのを象徴的に表している」[*2]というメンタルモデルが広く行き渡っていると述べている。

科学技術は長い間、より高い存在状態にある人類にとって、妨害するもの（とくにシェーカー教とアーミッシュ派の考え）とも助けるものともみなされてきた。ゲラシは、コンピューター処理、ひいては知識の分散化が、より均一でより平等主義的権力構造をもたらすことができると考えた自家製コンピューター時代の「デジタル理想主義者」とみなしている。彼は次に「啓示的な人工知能」という考えを、人工生命を人類の欠点がある（それを「堕落した」とは言わない）状態より一歩先にあるとみなす、超人間主義者を含むさまざまな現れのなかに探す。ＳＦと人気がある科学読み物が混じり合って、このテーマをふくらませている。ロボット研究家・小説家のハンス・モラヴェックが著書『Mind Children』で、ダーウィンが唱える生存競争[*3]で人類に打ち勝つＡＩロボットについて書いている一方、レイ・カーツワイルは数点の著書で、将来のキャラクターを使って「シンギュラリティ」という考えを説明している。

罪からの救済、永遠の生命、別世界の完全性という状態などといった深遠な宗教的概念はどれも、ロボットについての私たちの考察を、まるで電池の寿命やマシンビジョン、経路計画アルゴリズムなどを考えているように確信をもって伝える。ゲラシはこう主張する、「ユダヤ教とキリスト教の黙示録的伝統における宗教的カテゴリーが、ロボット学と人工知能の主要な研究者の、未来への想いに完全に染み込んでいる」と。こうした考えがまったく異なる分野、たとえばオンラインゲーム、ポップカルチャー、あらゆる種類のコンピューター化ユーザーインターフェース、自律型電気掃除機、小型無人飛行機の戦闘、頻繁な株取引、オートメーション工場などに出現したとすると、ロボットの研究は存在そのものへの興味深い鍵穴を開けることになる。ゲラシは結論としてこう言う。「知能ロボットを研究することは、我われの文化を研究することだ」[*4]と。カーネギーメロン大学のロボット研究者アイラ・レザ・ノーバクシュはさらに一歩進めて、文化が関わっているだけでなく、「ロボット学革命は私たちの世界の最も非ロボット的性質、すなわち私たち人間を認めることができる」[*5]と主張する。

ここで認識しなければならないもうひとつの神話は、アメリカ文化における最初期の科学技術の位置づけに端を発している。米国の歴史は、ヨーロッパとの関係、広大さ、膨大な鉱物資源、主義・主張などいくつかの点で独特であり、これほどの規模で多種多様な移民が先住民に代わって移り住んだ国はほかにない。アメリカ史の中心的部分は、物理的境界、すなわち西方に移動する「文明」と未知のものの間の境界の役割である。カリフォルニアと西部内陸部に居住したあとでさえ、さらなる境界線が探査され植民地化されるのを待っているという考えが、依然として強力だった。宇宙船アポロの月着陸はこの話にぴったり嵌まり、その後SFがさらに積極的にこの考えを取り込んだ。それが最も顕著だったのが、テレビで放送された『スタートレック』シリーズのオープニングだった。

「宇宙――そこは最後のフロンティア。これは、宇宙戦艦エンタープライズ号が、新世代のクルーのもと、24世紀において任務を続行し、未知の世界を探索して、新しい生命と文明を求め、人類未踏の宇宙に勇敢に航海した物語である[*6]」

北米における開拓とそこの住民の征服は、主として19世紀のライフル銃、鉄道、有刺鉄線、電信などと、続く20世紀の灌漑、空調、州間幹線道路などの技術革新によって成し遂げられた[*7]。科学技術は物理的開拓を助け、領土が落ち着くと、次にそれ自体が隠喩的なフロンティアになった（開拓の対象になった）。

神話用語では、フロンティアは科学、知識、イノベーションにぴったり当てはまる。「科学のフロンティア（frontiers of science）をグーグルで検索すると、３１００万件がヒットする。日本、フランス、ドイツ、スウェーデンなど多くの国に、盛んなロボット学研究プログラムがあるが、米国のロボット学研究はこの独特の理想、すなわち征服、拡大主義、そしてもうひとつの特徴である豊かな神話的過去に近いものである。もっといい言葉を思いつかないので、その特徴を「解決主義（ソリューショニズム）」と呼ぶことにしよう。

ひとつの解釈では、この新語はほとんどの問題に解決策があり、その多くは科学技術によるものであると考える、一種の無邪気さを伴う米国中心の考え方を指している。文明批評家のエフゲニー・モロゾフは解決主義をもっと辛辣に、「問題を、我われが自由に使える科学技術による解決策で『解決できる』かどうかという唯一の基準に基づく問題と認識する知的病い」と称する。[*8] どちらの解釈を受け入れるとしても、修理できないものがあることを受け入れる、より「現実的な」世界観ではなく、修理しようといじくり回すことを奨励するようなところが米国の気風にはある。

これらふたつの長期的背景を意識しつつ、西洋文化、とくにＳＦ文学や映画、テレビ番組などにおけるロボットの位置づけに目を向けてみよう。ロボット学よりＳＦに深く根をおろしている新興技術を思い起こすのは難しい。ロボット学の歴史はその言葉の原初から、本と映画のイメージや遺産と一致し、それらによって強く形づくられている。ＳＦが比較的若いジャンルであり、映画とテレビが若いメディアであるという点で、この文化的影響には前例がない。しかし、その結果はかなりのもので、また大部分は見えない。ロボット学がずっと実現可能でなじみ深い分野になるにつれて、その文化的起源を理解することが、ロボットとは何か、人間は何を望むのか、ロボットと人間はどのように付き合うのかをはっきりさせるのに必要なステップになる。

R・U・R

R・U・R（ロッサム万能ロボット会社）は「ロボット」という言葉を取り入れた戯曲で、機械化と、それが人から人間性を奪いかねないことを批評したものだった。この戯曲は1921年にプラハで初演され、20世紀に最も多く上演された戯曲のひとつで、「世界の文明国のほとんど」で翻訳上演されたと1962年の書物に書いてある。[*9] 作者のカレル・チャペックはある雑誌にこう語った。

老いた発明家ロッサム氏（「知性氏」とか「頭脳氏」ほどの意味）は前世紀（19世紀）の科学的物質主義の代表者である。人造人間（機械的な意味でなく化学的および生物学的な意味で）を創り出したいという彼の願望は、神は不必要でばかげていることを証明したいという、愚かで意固地な望みに呼び起こされたものだった。若き日のロッサムは形而上学的考えに悩まされない近代的科学者で、彼にとって科学実験が工業生産への道であり、証明にではなく製造に関心があった。[*10]

このように、今ではきわめて一般に使われている言葉が、まるでフランケンシュタイン博士のように自身の姿を複製したいという人間の願望と、工業生産の論理の両方に対する文化批判だった。

機械的奴隷としてのロボットと、製造者である人間に反乱して破壊しかねないロボットの対比はフランケンシュタインの再現であり、のちの自らの運命にいらだつ奴隷であって、今にも抑えがきかなくなりそうな西洋のロボットの性格傾向を決めるのに一役買っている。この二重性は20世紀中、ターミネーター、HAL9000、『ブレードランナー』のレプリカントなどに共通していた。『R・U・R』の登場人物ヘレナはロボットに同情的で、ロボットにも自由があるべきだと考える。ラディウスは自分の身分を理解し、自分を製造した者の愚かさにいらだっているロボットで、感情を露わにして彫刻を打ち砕く。

ヘレナ　ラディウス、かわいそうに……がまんできなかったの？　粉砕機にかけられるのよね。話してくれない？　どうしてそんなことになったの？　あのね、ラディウス。あなたはほかのロボットよりよくできているのよ。ガル博士がわざわざそうしてくれたんだから。話してくれない？

ラディウス　俺を粉砕機に送れ。

ヘレナ　あなたは殺されるのよね。どうしてもっと気をつけなかったの？

ラディウス　あんたらのために働きたくない。粉砕機に入れろ。

ヘレナ　どうしてそんなに私たちを嫌うの？

ラディウス　ロボットみたいじゃないからさ。ロボットほど腕がよくない。ロボットはなんでもできるよ。あんたらは命令するだけだ。いらないことまでしゃべるしな。

ヘレナ　そんなばかな、ラディウス。ねえ、誰かが怒らせたの？　お願いだから、私の気持ちをわかってよ。

ラディウス　口ばっかりだ。

ヘレナ　ガル博士はあなたの脳をほかのロボットより大きくしたのよ。私たちの脳よりもよ。だから世界中でいちばん大きいのよ。ほかのロボットとは違うのよ、ラディウス。私のことも完璧に理解しているでしょ。

ラディウス　俺は主人なんかいらない。自分でなんでもわかる。

ヘレナ　だからあなたを図書館に入れたのよ。なにもかも読んで、なにもかも理解して、[*11]そしてね、ラディウス。ロボットも私たちと同等だと世界中に知らせたかったの。それをあなたに望んだのよ。

ラディウス　主人はいらない。俺がほかの奴らの主人になりたいんだ。[*12]

ヘレナの思いやりによってラディウスは粉砕機送りを免れるが、ラディウスはのちにロボット革命を率いて人間から権力を奪う。チャペックは容赦なく、人造人間たちが創作者に勝つのを描いている。

ラディウス　人間の権力は地に落ちた。工場を手に入れたから、俺たちが万物の主人になった。人類の時代は過ぎ去った。新しい世界がやってきたのだ。もう人類の世ではない。人類は我われにほとんど生命を与えなかった。我われはもっと生命が欲しかったのだ。[*13]

この劇で、ラディウスが反乱を率いる以前に、すでに人間に未来はなかった。人間の基本的特性が機械化に追い越され、人間にはもう生殖能力がなかった。ロボットの能力や活力、自己認識が高まるにつれて、人間がロボットの機械のようになった。チャペックの考えでは、人間とロボットは基本的にまったく同じだった。価値基準である工業生産力では、「ふたり半」分の仕事ができるロボットの勝ちだった。このような競争は暗に、第1次世界大戦の直前に時間動作研究とともに出現した、人間の本質的特性の多くを無視した能率主義を批判している。

R・U・Rは少なからずシェリーの『フランケンシュタイン』(1818年)を下敷きにしている。両作品がほぼ1世紀隔たっているにもかかわらず、である。どちらも、人間が人工生命を生み出そうとする傲慢さを見せている(現在でも、ロドニー・ブルックスはロボットを「我われの生き物」と呼んでいる)。『フランケンシュタイン』の場合のように人間がレシピを間違えたのであろうと、チャペックの劇やその後の作品のように生産者である人間より賢いものをつくってしまったのであろうと、人間が神のまねをしようと望んだことのつけを払っている。どちらの作品でも創造者と創造物の間にひびが入った関係が本筋であり、両方とも争いは流血に終わる。

今ではR・U・Rを知っている人はほとんどいない。アシモフのロボット小説を知っている人はそれより多いが、いずれにしても、ロボット学は科学技術の特殊な分野である。というのは、生物模倣、完璧な論理、または経済的優位によって人類に近づけることを目指すのが、ロボット学の原型だからである。

映画（その他）におけるロボット

奴隷としてのロボットと奴隷状態の強要に反逆して君主になりうるロボットの二元性が、20世紀の西洋で目立って一貫したテーマだった。チャペックの劇が初演されてわずか6年後に、ドイツのフリッツ・ラング監督が映画『メトロポリス』を公開した。この作品は今でも、歴史上最も影響力が大きかった映画のひとつと広く認識されているが、それはとくに、ナチ党のイデオロギーの大きな要因になったことによる。ロボットの実体について人間の側に混乱があること、人間ではない産業労働者の反乱が迫っていること、人間とロボットの間の恋愛感情など、R・U・Rから多くのテーマが引き継がれている。『メトロポリス』では結局、ロボットのマリア（工員たちを煽動して機械を壊させようとしていた）の企みが露見して火あぶりの刑に処せられ、人間のほうのマリアは誘拐されていたが逃げて、仲介者が工員と工場主たちの間に平和的解決をもたらすのを手伝う。この無声映画の上映時間は約2時間半だったが、撮影には310日を要し、3万6千人のエキストラを使った。上映時間が長く筋が込み入っているにもかかわらず、いまだに記念碑的映画になっている。うそつきで反抗的なロボットのマリアは、チャペックがつくりあげた原型をかなり忠実に再現している。

記憶すべき次のキャラクターは1939年に、映画史上最も愛された映画のひとつに登場した。『オズの魔法使い』のブリキ男は、木こりをしていて手足を次々に痛めて補装した結果、ブリキ男になったという点で、その後のロボット像に酷似している。しかし彼の胴体をもブリキにしたブリキ職人は、彼に心を与えるのを忘れる。ブリキ男はフランケンシュタインの怪物と同類にならずにすんだ。その理由としては、機械化（ブリキ化）が徐々に進んだことと、映画（とノベライズ本）の焦点が、ブリキ男の強さや論理にではなく感情を欲する気持にあったことが挙げられる。このキャラクターは映画の公開後数十年後に象徴となって、ほかの小説やポピュラーソング、宣伝キャンペーンなどに登場した。

同じ1939年にニューヨーク万国博覧会でウェスティングハウス・エレクトリック社が、表面がアルミニウムでできている高さ2メートル強のロボット「エレクトロ」の実演をした。このロボットはタバコを吸い、指折り数え、78回転のレコード盤が内部に組み込まれていたので話すことができた。1年後、このロボットに「スパーコ」という、おすわりとちんちん、吠えることができる金属の犬が加わった。エレクトロは最近復元されて、オハイオ州マンスフィールドにあるウェスティングハウス社の施設に建てられた記念館にいる。

『メトロポリス』のおよそ10年後、SFというジャンルは人気上昇の真っただ中にあり、そのなかでロボットは筋のうえでもテーマにおいても重要な要素として発展していた。1940年代にSFの「御三家」と言われるようになるアーサー・C・クラーク、ロバート・ハインライン、アイザック・アシモフの登場によって、SFは売り物になる明確な作品群として確立されたが、ロボットが新たな地位を獲得し、ロボット工学が機械学や動力学と並ぶ学問分野と予見されたのは、アシモフの作品においてであった。短編小説を書き始めた1939年から短編小説集『I, Robot（われはロボット）』を刊行した1950年までの間に、アシモフは「陽電子頭脳」という概念を発表した。それは、人工の存在が、人間が認識できるように意識を表現できるほど高レベルで操作されるコンピューターである。

自分を創り出した者を倒すことを企てる人工生物という『フランケンシュタイン』の既成概念（アシモフはそれを「脅威となるロボット[*14]」と呼んだ）として暮らすのではなく、アシモフの小説の中のロボットは一貫して、単なる解説ではなく葛藤を通じて研究された道徳的規範を示す。1942年に発表した小説『Runaround（堂々めぐり）』にアシモフは、ロボット小説は脅威を感じさせる必要もお涙頂戴である必要もないという彼の新しい判断にきっちり沿った、ロボット工学の三原則を書いた。そして1982年にはこう書いている。「私は、ロボットをふつうの技術者がつくった工業製品と考えるようになった。ロボットは危険物にはならないように一定の安全策つきで作られ、情念が必ずしも組み込まれないように一定の仕事向けにつくられた」[*15]。アシモフの作品に見られる「ロボット心理学」の考えは、たとえばロボットがなぜそうすることを決めたのかを人間の監視者が理解する助けになる。仕事の価値、人間とロボットの誘引関係、ロボットの生命対人間の生命の相対的価値という複雑なテーマも、ちょくちょく顔を出す。

ロボットを扱った作品の、ひとつの基本的なジャンルでは、機械的または生体力学的なものが住む宇宙から来たエイリアンが呼び物だった。この点で、ロボットのジャンル間の差異が重要になる。技術的ではなく文化的意味ではロボットは、擬人化傾向を見せる機械的存在と言える。「アンドロイド」という言葉は19世紀からあって、外見が人間に似ている非人間を指す（厳密に言えば、チャペックのR・U・Rに登場する「ロボット」はアンドロイドであってロボットではない）。一方、サイボーグはもっと最近の概念で、１９６０年頃に出現した。ＭＩＴのノーバート・ウィーナー教授が「動物と機械における制御とコミュニケーションの科学的研究」[*16]を意味する「サイバネティクス」を造語した。サイボーグはしたがって、人工的制御システムと有機的制御システムを合わせた存在だ。「サイバネティック有機体」という言葉は大規模システムに広く使えるが、サイボーグはこの場合、大体においてコンピューター・ロボットの能力を適用することによって強化した半人間キャラクターである。

ポップカルチャーでロボットが宇宙から降りてくると、次のような種類になりうる。映画『地球が静止する日』（1951年）では、「クラトゥ」という異星人が世界平和を推進するというメッセージをもってくる（暗に、国際連合の創設を支持している）。それに同行したロボット、ゴートは建築家フランク・ロイド・ライトと共同で設計された宇宙船から降りてくる。1956年には、映画『禁断の惑星』でロボットのロビーが、のちに『フライングハイ』に出演するスター、レスリー・ニールセンとともに登場。その映画のあとにもロビーはほかの映画やテレビ番組にも登場した。意義深いのは、人間が宇宙空間に出かけていってロビーに会ったのであって、その逆ではないことである。1960年以後、宇宙での人間の冒険がより一般的なテーマになって、いくつかの記念碑的映画がこの設定でつくられた。

宇宙旅行はロボットジャンルで、ある種の昔話の改作に便利に使われた。多くの映画が明らかにホメロスの詩を下敷きにしている（たとえば『2001年宇宙の旅』）。1812年の児童文学作品『スイスのロビンソン』（ヨーロッパからオーストラリアに船で向かう途中、一家は東インド諸島で難破する）は『ロビンソン・クルーソー』に基づいているが、それが元になって1960年代のテレビドラマ『スイスファミリーロビンソン』ができた。父と息子（『スターウォーズ』）、成人する子、人違い、そしてもちろんフランケンシュタインの怪物はどれも繰り返し登場する。ただし、ロボットのなかの一部だけが人間だというひねりを加えて。

1963年にBBCがテレビシリーズ『ドクター・フー』を開始。悪役ダーレクが華ばなしい活躍をした。これらのエイリアンは、じつは地球外サイボーグで非情な殺人鬼に変異しており、憎悪を除いて感情を一切もたず、最も頻繁に発する言葉が、ほんのひと言「エクスターミネイト！（抹殺セヨ）」。ほかの架空のサイボーグと同様にダーレクもたちまちイギリスのポップカルチャーの目玉となり、BBCの50周年記念行事にも登場した。一方ドクター・フーは、米国の10代の若者など多くの人びとに今でも人気がある。

ポップカルチャーにおけるロボットの描写は、アシモフ後に変わり始めた。ゴートやロビーが代表する、機械的部品を組み立てた非人間に対して、のちのロボットはさまざまな感情を表現し、ニュアンスやあいまいさを理解して人間と交流でき、自分たちの性質の複雑さに葛藤する。依然としてわかりやすい悪漢や単純すぎる召使いはいたが、ロボットをテーマにした多くの映画が商業的に成功したのを見れば、大衆文化内で（大部分はフィクションの）新技術の可能性と、考えうる新しい生物形態の認識が高まっていたことがわかる。

異星人の映画は1970年以後も引き続き公開されたが、サイボーグは地球上にいるケースが増えていった。たとえば『ロボコップ』（1987年）では、デトロイトの殺された警官が電気機械の臓器を移植され、超人間的な力を与えられて生き返る。このジャンルでは驚くことではないが、この半ロボットの力は人間の法律との緊張関係と腐敗のネットワークを生み出すが、悪漢の脅威とほとんど不死身の人型ロボットは、ほかの作品の再現でもある。『ロボコップ』は独創的な作品とはほど遠く、じつはジェームズ・キャメロン監督の画期的ロボット映画『ターミネーター』（1984年）にならったものだった。およそ650万ドルをかけてつくられたこの映画は興行収入7千800万ドル（2015年の価値に換算して2億2千500万ドル）を挙げた。アーノルド・シュワルツェネッガーが、人工の内骨格を人間のもののような皮膚で覆った非情なサイボーグを演じた。人類の運命は、人類の抵抗軍を率いることになるはずの胎児（ジョン・コナー、そのイニシャルJCは言わずと知れたジーザス・クライストを指す）がシュワルツェネッガー演じるサイボーグにしつこく狙われていたため、危機に瀕していた。このサイボーグ、ターミネーターは、邪悪な人工頭脳スカイネットによって未来にタイムトラベルで送り込まれたものだった。

『ブレードランナー』（1982年）ではリドリー・スコット監督がまた別の宇宙旅行装置を使って、SF作家フィリップ・K・ディックの小説『アンドロイドは電気羊の夢を見るか？』[*17]を原作とする未来の反ユートピア像を生み出した。サイボーグは地球上でブラック企業によってつくられ宇宙の植民地に送り出された。一部の者は法を犯してこっそり地球に戻ってきたため、追跡して捕らえる必要があった。「レプリカント」という名のこのアンドロイドは、気乗りせず危険で汚い3Kの仕事ができる一方で、身分を超えて人間の権力を狙う野望をもつこともできる、さらに別のロボット像だった。ダリル・ハンナが演じたレプリカントは『メトロポリス』のマリアを引き継ぐ、人間の弱みにつけ込む魅力的な女のアンドロイドである。

だが、数え切れないアンケートや世論調査で史上最高とされた宇宙映画では、決して姿を現さないロボットが主役になっている。SFの「御三家」のひとりアーサー・C・クラークとスタンリー・キューブリックが組んだ映画『2001年宇宙の旅』（1968年）はロボットを、また別の観点で描いている。木星に向かう宇宙船を運行するコンピューターHAL9000は、人間の姿に似たものを装うのではなく、人間のような声をもち、感情を表す様子を見せ、周囲の情勢を感知することができ（宇宙飛行士たちがHALのふるまいについて不安を口にしたときは読心術までやってのけた）、宇宙船のシステムや装置を操作することもできる。HALがほかの宇宙飛行士を殺したあと、計算機能が弱まるにつれて感情の退行を見せるという、この映画の決定的な場面で、HALはひとり残った人間の宇宙飛行士が自分の電源を切るのを止めることができない。クラークとキューブリックが描くロボットはこのように、感情と高度の知性と力をもっている（全能ではない）が、結局、信頼されることはできないと判明する。

この映画は商業的に大成功し、50年近くたっても依然として有力な文化財である。おそらくこの映画の特徴である曖昧さのおかげで、観客はＨＡＬのなかに人工知能に対する個人的な恐れ、あこがれ、接し方などを再現することができる。たとえばＨＡＬが決して姿を見せず、ダグラス・レインの素晴らしい声が聞こえるだけという事実が、この映画の時代を超えた素晴らしさに大いに貢献している。その後のシリアスなロボット映画のすべて、またそれほどシリアスでないものの多くが、照れながらもこの名作に関連づけている。

『２００１年宇宙の旅』のＨＡＬの対極にあるのが、脅威も優れた知力も体現しない、大勢のロボットたちである。『宇宙家族ジェットソン』（１９６２年から６３年にかけてゴールデンタイムに放映され、その後ほかの時間帯に１９８７年まで放映されたアニメシリーズ）のメイド、ロージーから２００８年のディズニー・ピクサーのアニメーション映画『ウォーリー』の同名の主人公まで、ロボットはしばしば、プロデューサーやディレクターにとって役に立つ道具だった。なにしろ喜劇的な不調和を注入したり、深刻なテーマを手近に扱ったりできるのだから。ロボットの声と身ぶりで人間を諷刺することができたが、多くのロボットが人類にあこがれることで、人類の上位性が表現された。同時に、ロボットはしばしば、単調でつまらない仕事をするものとして描かれた。というのも、少なくともロボットの正体の一部は、暗に人間を単純作業から解放することだからである。

米国のテレビドラマシリーズ『ロスト・イン・スペース』(1965〜68年)の忠実な「環境管理」ロボットB9は、「宇宙家族」ロビンソンの息子ウィルに今そこにある危害を警告したことで有名になった。今でも、人びとがもともとの状況を知らないまま「危険！ウィル・ロビンソン」と口にする。だが、忠実な召使いであるロボットの手本として断然トップに立つのは、ローレル&ハーディの「極楽コンビ」をモデルにしたという『スターウォーズ』シリーズのR2D2とC3POのほかにない。実際、ジョージ・ルーカスの作品の影響があまりに大きかったため、ほかの多くの映画がロボットを、大いに愛された金属製の偶像コンビと対照的に描かざるをえなかった。

ふたりというか2体というか、とにかくコンビのうち身長が低いほうのR2D2の魅力の一部は、人間の俳優ケニー・ベイカーが撮影中、ロボットの中から動きを制御したことによるものだった(その他の場面は中に人が入らず無線で操縦したロボットで撮影された)。このロボットは機械語で話すため相棒が通訳した。そのため、とくにC3POがジョークでからかわれているときは爆笑ものだった。両者のキャラクターがあれば、ロボットが反乱する心配はない。未来の宇宙時代に大いにありそうな状況ではロボットが別世界から来ている可能性があるため、人間の傲慢さがまったくないであろうから。

C3POのほうは、イギリスの俳優アンソニー・ダニエルズのすばらしい執事ふうの声が、役の魅力に大いに貢献している。映画に登場するロボットたちに共通する超人間的な特徴はこの場合、機械ではなく脳の領分である。たとえ「6百万タイプのコミュニケーション」を通訳できても、C3POはじつは反逆戦では腰抜けだ。その身体版は『メトロポリス』におけるマリアの金属の外装の流れを強く引いており、「ふたり」のロボット間の関係は「おかしなふたり」系や男の友情物語系の映画と同じくらいなじみぶかい。

文化の形

全体として、西洋ポップカルチャーのなかのロボットをどう考えられるかというと、

1 ロボットを映画に登場させた監督には、ウディ・アレン（『スリーパー』）、ジェームズ・キャメロン（『ターミネーター』）、クリス・コロンバス（『アンドリューNDR114』）、スタンリー・キューブリック、ジョージ・ルーカス、リドリー・スコット、スティーヴン・スピルバーグ（『A・I』）など映画界の大物が含まれている。この監督たちは収益が総計

で何百億ドルにものぼる映画を製作した。彼らがそろってロボットを主要な役柄に使ったことから、この科学技術・原型が文化的に大きな魅力だったことがわかる。

2　映画や小説のキャラクターをどう一般化しても、ハード面（たとえばボストン・ダイナミクス社のアトラス）でもソフト面（たとえばウォール街の高頻度取引システム）でも、現実のロボットと共通するところはほとんどない。ロボットは苦痛を感じることができないし、苦痛を負わされてもわからない。ロボットは人間とほかの哺乳動物、あるいは人間とほかの動く物を識別しない。ロボットには呼吸の仕組みがない。ロボットがどれだけ自律していても、バッテリー電源からソフトウェアの更新まで、すべて人間の世話にならなければならない。ロボットは事前に決められた選択肢のなかからしか選べない。また、ロボットは認知レベルでの自己認識がないため、「意識的に」創造者を倒すことができない。

3　現実のロボットがドアノブを回して開ける、凸凹道を通る、子ども程度のロジックを実行するなどを行うにはハードルが高いことを、ＳＦや映画はほとんど取り上げない。そのため、ロボットが難しい仕事（たとえばシャツをたたんだりビール瓶を開けたり）を成し遂げたのを見ても、たいしたこととは思わない。ロボットが実際のロボット科学とほとんど類似性がない場合、多くの評者はアシモフの三原則をかなり重視する。それについて、認知科学者のスティーヴン・ピンカーの言葉は厳しい。『人間とはなんという傑作だろう！ 気高い理性、計り知れない力、姿、動き、ともに的確で称賛に値する』とハムレットが言ったら、我われは畏敬の念をシェイクスピアやモーツァルトやアインシュタインやカリーム・アブドゥル＝ジャバーではなく、おもちゃを棚に載せなさいと言われて実行する4歳児に向けるべきである[*18]」。人工知能がこれに似た反応をするには10年早い。

4 ロボット、アンドロイド、サイボーグの間の区別は観客や読者にとってたいした問題ではない。これらが登場する話に、たとえば異星人が登場しても不自然ではない。

5 このように大衆文化に広く存在するロボットのイメージは、コミュニティが新たな科学技術の現実問題に直面するのにほとんど役に立たない。知覚は、ロボットが危険か、かわいそうなものか、自己認識があるか、召使い・執事のひな形かによって大きく左右されるため、人工器官ひとつを例にとってみても実質的な議論はなかなか進んでいない。

要するに、チェコ語のロボットについてのチャペックの考えは、科学技術の奴隷である人間の隠喩であり、人工創造物はちょうどフランケンシュタインの創造物がしたように、創造者である人間に反抗しかねない危険をはらんでいる。約20年後、アイザック・アシモフが「ロボット心理学」によってロボットの仕組みを洞察するほどまでに人間の特質を体現した、文学上のロボットを創作した。結局、人工知能という概念は身体があってもなくても、いずれは人間の思考力と感情をしのぐ超人間的論理としばしば一体化する。違いはいろいろあっても、HAL9000とIBMのワトソンは同じように文化的に恐るべきものとして機能する。両者の超人間的能力が人間の能力と構造を無にしかねないように思われるのである。いずれの場合もこうした文化的イメージの力が、スティーヴン・ホーキングのほかに誰がロボットで増強されるのか、労働組合は人間の労働者の代わりになるロボットを買うだろうか、所定の種類のロボット用の安全保護装置は誰が実行・解除するのか、などの具体的な当面の問題から関心をそらす可能性があるのだ。

所変わって日本の例

これまで述べた文化財はすべて、明らかに西洋のものだった。『フランケンシュタイン』から『スターウォーズ』、『ターミネーター』まで、ラングドン・ウィナーが述べた「制御

人工知能という概念は
身体があってもなくても、
いずれは人間の思考力と感情を
しのぐ超人間的論理と
しばしば一体化する。

できない技術」のテーマが常にあって、アシモフが言ったように創造された生命はしばしば「危険なロボット」となる。しかし、日本のものを含めずにロボット科学の現状と表現を検討することは不可能だ。

日本の独特なコミックアート、漫画が出現したのは19世紀末だが、もとをたどれば13世紀の絵巻物に行き着く。第2次世界大戦後、軍事的敗北と、米国による占領に伴ってもたらされた外国文化の影響に照らして日本が伝承を修正していたとき、英雄、徳、武勇を伝える媒体として漫画が出現した。漫画家のひとり手塚治虫は日本の心象をとらえたキャラクターを創造した。日本で「鉄腕アトム」と呼ばれるそのキャラクターは、西洋人には「アストロボーイ」のほうが通りがいい。広島と長崎の原爆があったので、米国の読者には原子力を想起させる名前はまずいのではないかと忠告した人もいたが、鉄腕アトムは日本文化に欠かせないものになった。アトムは立派に日本の市民権を得ている。手塚はウォルト・ディズニーと同列の「漫画の神様」とみなされているが、アーサー・C・クラーク、スタン・リー、ティム・バートン、カール・セーガンたちの要素も入り混じっている、と伝記に書いてある。[*19]

手塚は魅力的な人物だった。1928年に生まれ、ひとつには10代の頃に昆虫の画集を巧みに描くことによって相当な画才を磨いた。その後、医学校を卒業した（そこでの実験ノートの図はみごとな出来栄えだった）が、医業には就かなかった。鉄腕アトムを初めとする彼のさまざまなキャラクターは、ハリウッドの映画会社にならって「スターシステム」で管理された。キャラクターたちに大勢のファンができた。手塚は次に自身のプロダクションチームをつくり、それがやがて日本で最初のテレビアニメを制作した。手塚の最も壮大な作品「火の鳥」を含むさまざまなキャラクターとシリーズによって、漫画は数千億円の産業に変貌した。手塚の作品がたいへん巧みで革新的で感動的だったため、スタンリー・キューブリックが彼に『2001年宇宙の旅』の美術監督になってくれるよう頼んだ。しかし手塚は制作のために1年間、チームをイギリスに送ることはできなかった。手塚は1989年に胃がんで死亡したが、最期の日まで描いていた。

鉄腕アトムは当初、1951年に脇役として登場したが、1952年に主役になった。1970年代まで定期的に、国民的アイドルになってからは不定期に登場した。アトムの誕生日は2003年4月7日ということになっており、その日は全国で祝われた。その4年前にはトヨタのハイブリッド車プリウスの、日本における発売の広告に使われている。多くの媒体による露出があって、このロボットの肖像は日本文化でなじみぶかいものである。

鉄腕アトムの誕生は悲劇で始まった。科学省長官の天馬博士が息子の飛雄を空飛ぶ車と大型トラックの衝突事故で失うと、専門家を集めて飛雄に似せたロボットをつくらせた。だがロボットは成長できず、自然の美しさを愛せないことに気づくと、天馬はそのロボットをサーカスに売ってしまう。科学省で天馬の後任となったお茶の水博士がそのロボットを見つけ、感情をもつことができるのを発見して、養子として育てる。博士はロボットに、力を良いこと、主として犯罪と闘うために使うよう教えるが、一度はベトナムの村が米国機の爆撃を受けるのを防いだこともあった。このように物語全体が、ロボットが人間社会に受け入れられることの必要性に根ざしている。ロボットの権利が、この漫画に関わる一貫した課題である。

鉄腕アトムにはスーパーパワーがあるが、ターミネーターとは違う。身長は135センチメートル、体重は30キログラムだが、手足に10万馬力（およそ7万5千キロワット）の原子力エンジンとジンと格納できるジェットエンジンを仕込んでいる。さまざまな話が展開するにつれて、鉄腕アトムには次のような能力があることがわかってくる。

- ●ジェットエンジンで飛ぶ
- ●多言語を操る（60か国語）
- ●分析能力
- ●サーチライトの目

- 超高感度の聴力
- 背中に隠し武器
- 善人か悪人かを識別できる[*20]

この特質の集合と鉄腕アトムの体が小さいことで、多種多様な筋がつくれる。アトムは困難な状況を解決しているとき汗をかくことができるが、涙を流すには育ての父に変更してもらわなければならない。パワーは無限ではなく燃料切れになることがあり、人間の食べ物を食べたときは、機械が詰まった胸腔に入って、取り出さなければならなかった。アトムの敵には悪人、ロボットがきらいな人、悪党のロボット、宇宙からの侵略者などがいる。タイムトラベルはしばしば出てくる。

およそ10年前のアシモフと同じように、手塚も鉄腕アトムを常に導くロボット法をつくった。

1　ロボットは人類に奉仕するためにつくられている。
2　ロボットは決して人間を傷つけたり殺したりしてはならない。
3　ロボットは自分をつくる人間を「父」と呼ぶこと。
4　ロボットはお金を除いてなんでもつくれる。

5　ロボットは許可なく外国に行ってはならない。
6　男と女のロボットは決して役割を変えないこと。
7　ロボットは許可なく外見を変えたり別のものになったりしてはならない。
8　大人としてつくられたロボットは決して子どもの役割をしない。
9　ロボットは、人間が解体したほかのロボットを再度組み立てない。
10　ロボットは人間の家や道具を破壊しない。[*21]

右に挙げた法のいくつかについては説明したほうがよさそうだ。法1と法2はアシモフの原則に似ている。一方、アシモフの第3原則、ロボットは自分自身を守らなければならない、に相当するものがない。ロボットが偽ることは3回、明確に禁じられている。

永遠に子どもであること、超人間的力、倫理基準、そして人間の愛を欲することへの葛藤が、アトムのアイデンティティのもとになっている。それはロボット全般に対する日本人の考え方を形づくりもすれば、逆に反映もした。たとえばソニーのアイボは明らかに、アトムと同じ感性を示している。多くの日本のシナリオに見られる、かわいくて抱きしめたくなるようなロボットの外見（アザラシ型ロボット、パロはほんの1例）は、冷たい功利主義も凶暴になりうる激変も伝えない。

この対照は、鉄腕アトムと、1956年に初登場した同時代の日本の巨大な漫画ロボット、鉄人28号を比べるとよくわかる。重さが25トンで身長が20メートルの鉄人は戦争中に秘密兵器としてつくられたが、のちに平和利用に転用された。アトムと違って鉄人は自律しておらず、ふだんは賢い少年に遠隔操作されていたが、リモコンを盗まれると悪用されることになった。少年はアトムさながらに悪と闘ったが、鉄人が道徳的に中立だったために日本文化内のより大きな弁証法の範囲を定めるのに役立った。アシモフが表明した3原則のように、ロボットには人類を苦しめるのではなく助けてほしいという願望がある。これは人間が自分たちに要求するより高い倫理観を表している。鉄人はときに鉄腕アトムの人気を陰らせたが、アシモフなら「聖人ロボット」と呼んだかもしれない一派に匹敵する、すこぶる強く、役に立つ存在である。

ロボットと神話

ロボットは科学技術を使った道具だが、これほど豊富な神話に下支えされている道具も珍しい。もっと重要なことに、自律ロボット工学の一里塚のほとんどが実際に達成される前に、たいてい神話があったのだ。その歴史は聖書の時代にさかのぼるほど長いばかりでなく超現実的であり、話を進め、方向づけるのに物語の最新の進展が使われている。格別に北米的なロボット性がある一方で、どんな文化にも属さない面もある。

ロボットの両面性はほかにもある。奴隷や召使いとして使われる一方で、君主になるのではないかと恐れられているのだ。ロボットは人が到達できない多くの完成の域をわがものとしているが、人ができる基本操作のなかにも難しいものがある。ロボットは娯楽における根本的な進歩の見通しをもたせてくれる一方で、人間が生活のために何をするかという疑問も起こさせる。

そろそろ、ロボットの東西の文化的対話への導入のされ方が、過去の科学技術とはかなり違うことが、十分に証明されてもいい頃だ。たとえば、ラジオ、エアコン、自動車はもちろんスマートフォンでさえ、製造者の影を薄くさせるという野望をもった創造物として描かれたことは決してなかった。ロボットとは何か、ロボットは何ができるか、またロボットをどのように理解すべきかという、ここでの話における擬人化は、西洋諸国の科学技術の歴史のなかでの重要な出発点になる。そういうことを全部、脇に置いて、ロボット学の現状を見てみよう。

第4章 現在時制のロボット学

ロボット装置は静かに現代生活に浸透している。ほぼすべての分野で、さまざまなロボット技術が精度を高め、人間を危険や退屈な重労働から解放し、人間の疲労の限界と限られた感覚能力を克服し、人間という存在を拡大することができる。またロボットは仕事と人間関係から人間を追い出し、経済の混乱を増し、人間にとってのその他のマイナスの結果を生み出すこともできる。活動の幅広さ、背景の多様性、そして進歩の速さのすべてが、人がコンピューターを使う方法を大きく変える理由になっている。

人工知能

ロボットを定義するのに「感じる・考える・行動する」のモデルを使うとすれば、「考える」の部分にはとくに注意したほうがいい。最も基本的なレベルでは、人工知能はある程度の人間の論理的思考を再現する努力を、人間以外の要素または装置で表現する。その野望は古代からあるが、現在の状況は1956年に設定された基準に始まっている。その年、ダートマス大学で開催された初期のコンピューター科学者たちの会議で、人間の脳をまねた電子機能を創出する試みが策定された。ジョン・マッカーシー（のちのスタンフォード人工知能研究所SAIL所長）がその年に人工知能という用語をつくったと言われており、マーヴィン・ミンスキーが1957年にMITの人工知能研究所を創設した。

ロボット工学の研究は1960年代と1970年代には難しかった。処理をする機械は遅くて大きく（パソコンはまだ発明されていなかった）、無線ネットワークは遅くて周波数の独占権があり、画像処理システムは遅くて高価で解像度が低かった。ロボットの環境の包括的認知地図をつくり、世界と接触する前にそれを「知る」のに多大な努力が費やされたが、とりわけ処理が遅かったために、この研究は大した結果を生まなかった。

同時にAIコンピューティングの研究も進行していた。サイク（Cyc）が1984年に、すべてのものの包括的コンピューター・オントロジー［概念体型］を構築する試みとして開始された。「雨は水の一形態」「水が皮膚につくと濡れていると感じる」と教えておいたら、「外は雨だった」と聞いたコンピューターが「それじゃ濡れたでしょう」と推察できそうに思われた。創設時、この研究の第一人者が、このルールエンジンを構築するのに3

50人年かかるだろうと断言したが、30年過ぎてもまだ完成していない。

この分野は、とんでもなく潤沢に資金を費やす時期をすごしたあと、愛想をつかされた。1990年代には水洗トイレについてのジョーク「AI80年代」が、いくつかの仲間内ではやっていた。資金が減るにつれて、この分野からの「難民」があちこちに散って、検索、ゲノム学、生物医学などの分野に入った。グーグルが出現し、1997年にチェス専用コンピューター、ディープ・ブルーが世界チャンピオンのガルリ・カスパロフに勝つと、人工知能界が返り咲いて政府と投資家からの資金も入るようになった。現在、大きな関心を集めている分野のひとつが自然言語処理（NLP）で、アップルのシリ、グーグルの先行入力などの検索ツール、IBMのコンピューター、ワトソンなどで普及した。自然言語処理は単に声を認識するだけでなく、同音異義語を区別し（魚の「バス」と低音の「バス」）、文脈を理解し（「右側の向こうのビルは何?」）、ジョークや誤用のほか「筋の通らない」話なども判別しなければならない。

ロボット学にとって人工知能が重要なのは明らかで、人間とコンピューターの相互作用、運動動作、衝突回避、画像認識はすべて、ある程度人間の認知をまねたり代わりをしたりしなければならないツールに依存している。

産業ロボット

コンピューター科学者がより脳に似た機械をつくることに血道を上げていた同時期に、別のグループの起業家たちは人間の筋肉と骨の複製を目指していた。彼らの共同作業の物語は大学の研究室とはほど遠い、ガレージや機械工房で展開した。米国ではジョージ・デヴォルとその友人ジョセフ・エンゲルバーガーのふたりが主役だった。デヴォルはロボット学の最初の複数の特許を１９５４年に出願（ダートマスＡＩ会議より早かった）し、１９６１年に取得した。デヴォルとエンゲルバーガーは１９５０年代なかばにユニメーション社を設立し、最初の産業ロボット「ユニメート」を製造した。このロボットは工場内で行われている作業を数フィート離れた場所に移動させた。川崎重工業がユニメーション社からこの技術のライセンス供与を受けて、日本もこの市場に参入した。

ロボット学技術の採用は、１９６０年代にはゆっくりしていた。対外自動車競争はまだ激しくなく、大手メーカーは同業者との足並みを乱すのを恐れていた。１９６４年当時、ユニメーションが売ったロボットはわずか30体でキャッシュフローが難題だったが、１９６７年から１９７２年の間にユニメーション社の累積売上高は２００万ドルから１４００

万ドルに急騰した。

１９６０年代なかばにヴィクター・シェインマンという大学院生がスタンフォード大学とＭＩＴ両方の人工知能研究所のためにロボットアームを設計し、その後ユニメーション社の特別研究員になって自身のアイデアを商品化した。さらに新しいロボットが、人間が占めるのと同じだけのスペースで動けることを明らかにしたゼネラルモーターズ社と協力して、ユニメーション社は１９７０年代なかばにＰＵＭＡ（プログラム可能な万能組み立て機械）を発売した。これが産業ロボットの世界市場の始まりだった。スウェーデンのアセア・ブラウン・ボヴェリ（ＡＢＢ）社、ゼネラルエレクトリック社、ドイツのクーカ社がいずれも真剣に取り組んだ。ゼネラルモーターズ社は日本のファナックとの合弁会社を設立し、ウェスティングハウス社は１９８４年にユニメーション社を1億7百万ドルで買収し、４年後にフランスのストーブリ社に売却した。

産業ロボットは基本的には、たいてい組立ラインで一連の動作を行う、プログラム可能な工作機械である。国際ロボット連盟によれば世界中で百万台あまりの産業ロボットが設置されて、業界の２０１４年の売り上げが約95億ドルにのぼったという。[*1] 自動車工場にロボットが取り入れられたあと、ロボットを使うエレクトロニクス工場の数がこの10年間で急速に増えた。アップルの製品などを組み立てる台湾籍のフォックスコン社が、２０１２

年のあとには1社だけで百万台のロボットを設置するつもりだと発表した。[*2] 中国の賃金が比較的安いとはいっても、将来ロボットの3交代制が実現すれば、経済的に好都合だろう。なにしろロボットは寝坊することも、嫌なことがあって不快な気分で仕事に出てくることもない。休憩時間も、作業現場の冷暖房も（ときには灯りすらも）、医療保険もいらない。また、製造機器だということを別にすれば、アイデンティティもない（ロボット労働者の経済面については第7章で述べる）。

最近、アマゾンは工場で組み立て作業をするのではなく配送センターで完成品を移動させる産業ロボットに注目している。この種の供給連鎖ロボットはアームと捕捉器具で個々の物品を持ち上げて運ぶのではなく、人間が物品を置いた収納ラック全体を置いたり、保管ゾーンからピックアップ・包装ステーションに移動させたり戻したりする。ロボットが移動ラックを労働者のところに運び、労働者が適当な物品を取り出して出荷プロセスを開始する。この作業をするロボットは少しも人型ではなく地面近くに低く位置しており、どちらかというと床の経路を通る工業用電気掃除機に似ている。

この種の供給連鎖ロボットは、「無人搬送車（AGV）」という名のマテリアルハンドリング装置の長い歴史の上に立っている。この種のカートまたは車（平台、囲いつき台、トレーラー牽引(けんいん)タイプなど）は床の磁気テープ上を動く簡単な運行指示法を使うものもあれば、もっと高度な、レーザーやトランスポンダー、ジャイロスコープなどの固定パラメーター内で（たとえば倉庫や病院内で）方向を指示する器具を使うものもある。この手の最初の装置は１９５３年に発明され、ＡＧＶは今でも広く使われている。

ロボットの作業方法と課題は？

一般的な「感じる・考える・行動する」モデルでは、ロボット学が取り組む複雑さと課題にはほとんど役立たない。

構造

センサーや処理能力、作動装置などを選んだり取り付けたりする前に、ロボットの土台やその他の構造体がなければならない。この場面での問題はささいなものではない。たとえば無人機の場合、ロボットは長い距離を飛び、武器だけでなく高解像度カメラ、レーダーその他のセンサーの安定した土台にならなければならない。このような状況では、材料科学がこの方程式の決定的に重要な要素である。多くの人工材料の物理を考えてみると、ロボットの丈を2倍にすると一般的に質量は4倍になる。人型ロボットの一例として、ウィロウガラージ社のＰＲ２は身長約１・５メートルで体重は約１８０キログラム。これだけ重ければ多くの問題が発生する。持ち運びしにくいし、安全のために重い付属器を慎重に扱わなければならず、その図体を動かすためにバッテリーの寿命が短くなる。こういうロボットがもっと人気を得たければ、減量するしかない。

ロボットが人間と交流しようという状況では、出会う人間にとってなにかしら親近感を覚えさせるものが、その構造になければならない。つまり、ロボットが仕事（つかむ、みつける、動かす）をするためには、周囲の人にどのように振る舞えばいいか合図する必要がある。正しく伝わるためにはこの合図が重要だが、人類学、記号論、心理学などさまざまな観点から分析しなくてはならない。ロボットの構造は目的を遂行するのに必要な機能を高めるだけでなく、人間がロボットに協力する（単に邪魔にならないようにするだけでも）のに適したものでなければならない。学者のなかにはロボットを独立した、あるいは自律した存在と考える人びともいれば、人間を助け、助けられる存在と考える人びともいる。車のウィンカーや建物のドアノブに相当する新しいロボットを取り入れるとすれば、人間たちのなかに置かれるロボットをどう設計するかは、長期的な影響を与えるだろう。

ロボットの構造体は丈夫で軽く、安定してなければならないだけでなく、さまざまな要素、あるいはロボット本体も動く必要があることから、構造設計の重大性も増す。運動の

多くの人工材料の物理を
考えてみると、ロボットの丈を
2倍にすると一般的に質量は
4倍になる。

態様のすべてに選択肢があって、脚、車輪、踏み板はどれも地面次第で、1本、2本、4本、6本から選べる。車輪は大いに役に立つが、地形が滑らかでないとうまく動かない。多脚で動くものはロボットが複雑になって、同じ距離を進むのにも車輪や踏み板より大きな動力を要する。たとえば踏み板と脚を組み合わせたものなど、混成のものも試されてきた。[*3] 飛行用には、多様な種類と使い方のプロペラに加えて生物からヒントを得た翼も使えるようになっている。

構造については、振動と減衰も考える必要がある。たとえば、床に固定され、5フィート（約150センチメートル）上昇し水平に2フィート（約60センチメートル）伸びることができ、手術創部まで下がる手術用ロボットをつくるには、たいていの材料には見られない軽さと強さのほか耐震性が必要になる。軽さが重要なのは、重さに比例してモーターが大きくなるからで、アームが重くなればモーターを大きくする必要が生じ、それによって装置全体が重くなってバッテリーの寿命が短くなる。これはたいていの自律ロボットにとって常に困った事態である。

ロボット工学に最適になるように用意されている部品はほとんどなく、ロボット用の多くの部品がいまだに、ほかの用途から借用されている。モーターだろうと作動装置、ギア、大小さまざまなマイクロプロセッサー、センサー、インターフェース機器、あるいは動力だろうと、ロボット工学は規模が小さく、現在その製造には高度のカスタマイズが必要とされていることから、ほかの分野の進歩から得るところがかなり大きい。重要な部品が他の用途用にカスタマイズされたり、そこから借用されたりすることが多いことが一因で、ロボット工学の取り組みが経済的に維持可能であることは、ほとんどなかった。スマートフォンとテレビゲーム機の例外的な成功が逆に示しているように、ビジネスモデルがうまくいきにくい。より大きな経済的エコシステムのために、たとえばマイクロソフトのセンサー、キネクト［ジェスチャー・音声認識によって操作できるデバイス］は十中八九、赤字で売っているが、ロボット工学の会社と研究者には用途に適した低コストで高性能の部品を提供している。任天堂のＷｉｉ（ウィー）に搭載するタッチ式インターフェースも、ロボット工学に理想的に適した大量市場、低コストツールの例で、ゲーム機の大量製造・販売がなければ手頃な値段で手に入ることはなかっただろう。

工学、経済、マーケティングの間で折り合いをつけるのは難しい。ロボット装置に多くの仕事をさせることはできるが、特定の状況で何を目的とし、何を追加し、何を除外するかを決めるのは容易ではない。自由度を上げて能力を高めれば、市場リスクが発生する。軍用無人偵察機の歴史が、それを物語っている。１９７９年に米国陸軍がアクィラ・プログラムを開始した。敵軍の規模と位置を示す映像を無線で送る、軽量の偵察用無人機をつくる計画だった。暗視、レーザー・ターゲット・マーカー、敵の対空砲火に対する防御手段、安全な無線通信などなど、追加の要件がたちまち集まってきた。無人機の重量が膨らみ、システムがどんどん複雑になり、当然、コストもなすすべなく跳ね上がった。5億6千万ドルで780機をつくる計画で始まったものが、10億ドル超を費やしてつくった試作品が10年近くたっても、あまりうまくいかないという結果になった。[*4] それに反してアイロボット社の電気掃除機ルンバは、市場重視型の方針で能力と特長をみごとにコントロールしている。

触れておく価値がある、ロボット工学と関係があるもうひとつの新技術が、積層造形すなわち3Dプリンティングである。これによって低共鳴、軽量で高強度の、人間の骨によく似た蜂の巣構造をつくることができる。本書全体を通して見ていくように、さまざまな分野にまたがったロボット工学分野で不変のものは、たとえばソフトウェア工学、材料科学、電池化学、画像処理など下位分野でのたゆまない改善の恩恵を受けていることである。

センサー

最も基礎的なレベルで、ロボットは自分とその付属部品が物理的空間のどこにいるかを認識している必要がある。カメラはそのためのひとつの方法ではあるが、限界がある。第

1に、カメラはその場の明暗によって効果が薄れる可能性がある。早朝と夕方近くのまぶしい太陽光が目くらましになることもあるし、深い闇はもちろん困る。雪原がギラギラする光を反射することもあれば、雨粒はレンズをだめにしかねない。錯視（たとえば道路に描かれた偽のくぼみ）にカメラがだまされることがある。[*5] 画像を信号に変えることはマイクロプロセッサーと各種アルゴリズムにとって簡単ではなく、たとえカメラが画像を捕らえたとしても、その画像から有用な情報を引き出すことはとても困難な場合がある。ただし、制約が大きい対象を警察や監視員が使うナンバープレート・カメラで撮影するような場合は例外だ。[*6] これも、ある分野の進歩がしばしば、無関係と思われる分野の進歩につながる例で、画像認識と処理はロボット工学の重要項目である。

音響式レンジファインダー（ソナー［水中を伝播する音波を用いて、水中・水底の情報を得る装置］など）にも限度内で用途があるが、この種の装置は、とくにライダー（レーザー画像検出と測距）などのレーザー・レンジファインダーと比べて、特別に速いわけではない。全地球測位システム（GPS）は役に立つが十分ではない。狭い所での仕事（卓上のコーヒーカップをみつけたりカフェテリアで冷蔵室をみつけたりすることなど）には不正確だし、動かなくなることもあれば信号受信が建物や橋などの人造物に妨げられることもある。その他の近接センサー、たとえばバンパーや運動センサーも、通常ロボットに使われる。

より一般的な意味での電子回路網と同様に、ロボットの処理能力の大部分はロボット自体の状態を監視することに向けられる。哺乳動物が体温や血糖値の管理に全身フィードバックループを使う必要があるのとちょうど同じように、ロボットも自身の内部体系を監視・管理するのに資源を使う必要がある。完全に自給自足できるロボットはほとんどないから、ロボットをコンピューターによるクラウドか基地局、ほかのロボット、外部センサーなどに接続する無線ネットワークが作動する。温度、電源管理、システムの状況、各種部品の方向性（左後ろ脚の胴体への角度は？）などすべてを検出する必要がある。自己監視の重要な例は車輪検知システムである。GPSかローカル・ビーコンがない場合、ロボットに与えるのが最も難しい情報のひとつは、とくに2秒前または3分前との比較で現在どこにいるか、である。位置計算の基本的方法のひとつに、車輪回転の計数がある。

ロボットが進歩するにつれて、ロボットの捕捉器具、鉤爪、または「手」のセンサーが重要になる。たとえば滑りやすいビール瓶を落とさずに掴むこととペットボトルからケチャップを、力をかけすぎずに出すことを目的とする付属器には、滑りやすさの検知装置を装着しなければならない。センサー群はそのほかに、（危険な状況で）放射線を測定し、臭い（天然ガス、爆発物、その他の材料など）をかぎ、人の話などの音を聞く。

しかし結局、センサーデータを収集し、それに基づいて決定することは依然として、概念的にも計算的にも難しい。ロボットが感知する環境がしばしば解像度や鮮やかさに乏しいだけでなく、センサー入力の質にかかわらずそれを読みとって意味を与える装置もほとんど当てにならない。ロボットのセンサーの失敗率が高い場合、誤判定が出てたちまちロボット実験を無効にしてしまう。欠点のない正確なセンサーデータを想定できることはまれなため、エラー検出および修正が、ロボットの性能を高める鍵となる。

コンピューター処理

ロボットが内外の状況を感知したら、まず感知信号を利用できる形に処理して、制御システムがロボットの活動を指示できるようにしなければならない。ここは、コンピューティング・アーキテクチャー、プログラム言語、その他のコンピューター科学および工学の重要テーマを論じるところではないが、ロボット工学を非常に困難にしている複雑化要因のいくつかに軽く触れるのは無駄ではないと思う。

コンピューター科学では時間は厄介な要因だ。人間の現象が真に瞬間的であることはめったにないとしても、命令が与えられてから実行されるまでの時間差が重大な結果を招くことがある。たとえばウォールストリートでの高頻度取引は、ネットワーク待ち時間のミリ秒数によって売買が成立したりしなかったりすることがあるというのが典型的な例だ。

ロボットが動かなければならない状況では、時が決定的に重要な意味をもつ。

時間の問題は別の、ロボットにとって困難な関連分野につながる。早期のコンピューターで育った人なら、タイムリーな反応がなかったのを覚えているだろう。「エンター」キーを打っても何も起こらなかったら、間違いなくコマンドを再入力して再度「エンター」を打ったことだろう。そして数年後、ずっと新しくなったコンピューターでオンラインショッピングのウェブサイトで取引をしていたとき、1度クリックして反応がなかったら、おそらく再度クリックして、6足のつもりが12足のソックスを注文してしまったかもしれない。あるいはどちらの注文も受け付けられなかったか。車が動いているときは、インプットと動作のタイムリーな協調が必須になる。制御システムが瞬間的に働かなければ、センサー検出、センサーの処理、制御、作動間のさまざまな時間差を修正するのは困難だろう。坂道を下るときスピードを出し過ぎた人は誰でも、振動を知っているはずだ。やがて相応の力やスピードで修正がきかなくなる。ひとつの答えは処理「馬力」を大きくすることだが、それによってより多くの熱が発生し、より大きい動力が必要になる。コンピューター処理にも「無料のランチ」はない。より一般的には、入力およびコマンドの変数をアルゴリズムで均(なら)せば、非リアルタイム過程のぎくしゃくした動きその他の副作用を減らせる可能性がある。

ノイズは、スクリーン上と違って自由空間で動作するシステムでは、破格のコストを要する。不要波を含む不測のセンサー入力の存在が予測できる場合、厳密な、「…ならば…する」というif–then的コマンド系統は失敗しやすい。またロボットが物質界で動作しているなら、ノイズなどのエラーは自己強化になりうる。ファジー理論はノイズに対するひとつのアプローチで、ロボットはしばしば自身の処理能力のかなりの比率をエラー修正と関連任務に向けている。

人工知能分野における主要な議論はノイズ問題に関連している。何十年もの間、ロボットは環境と相互に作用する前に、まずセンサーを使って環境の地図をつくる必要があると考えられていた。しかしロボットの中央処理装置（CPU）の能力が限られているために、この過程には長い時間がかかり、その間にたいてい外部環境が変わってしまった。このようにロボットの認知地図は常に現実より遅れていた。一部の複雑な状況ではこうした階層的アプローチが必要だが、ある種のロボット工学を適用すると別の認知構築要素が使えることがわかっている。

ロボットは感じ、考え、行動することができる機械と定義されていることを思い出そう。だが1986年に、今はMITを引退しているロドニー・ブルックスが、感じる・考える・行動するというモデルは「感じ・行動し・再び感じ・新たな情報を考慮して行動する」、「行動」モデルで置き換えることができると提唱した。センサーの処理と地図作成によって感じることで構築した、現実の抽象的な描写に基づいて行動するのではなく、ロボットは身近で感じた環境の中に自分を置くことができるのではないかという。こうしたロボットの行動の結果は、実際はそうでないにもかかわらず認知から発生したように見えるため、じつに「知的」だと思われる。[*7]

アイロボット社の電気掃除機ルンバを含む多くのロボットにこのアプローチが出現したことは、低レベルの行動、つまり動く、避ける、if-then式に反応することに努力を向ければいいことを意味する。ロボットを、人間を守る、つまり（アイザック・アシモフがロボット三原則で述べたように）ある種の善良さを求めるようにプログラムすることができるかと尋ねる人びとには、ブルックスは「いや、できない」と答えざるを得なかった。低レベルの感じ・行動し・再び感じ・新たな情報を考慮して行動するモデルは、多様な小さい決定の意図しない副産物として、知的に見える行動を生み出す。ロボットには一般に現実の「マスターモデル」がない。この種のモデルはつくるのがとても難しいのだ。[*8]

とはいえ、ロボットは反応するだけというわけではない。主要な問題点のひとつに、パス構築と計画立案がからんでいる。たとえば4つのジョイントのそれぞれにx度の自由度があるロボットアームが、現在ある場所から洗剤の瓶がある場所まで動いて、15センチ離れた鉢植えを倒さずにボトルに正しい角度と正しい高さで届く位置まで指を伸ばすのは、決してたやすいことではない。当のロボットは機械システムの制約の範囲内で目標（瓶）と障害物（鉢植え）の両方を見定めることにかなりの注意を払う必要がある。計画された経路のいくつかはまっすぐだが途中で障害物に近づくため、安全性についての心配（とセンサーの報告における誤差の幅が広いことへの正しい関心）から通常、障害物と目標を同等に考慮することが重視される。[*9]

ロボット、センサー、または両方が集団で配置される状況が増えている。このような装置に対する認知的負荷に加えて、同じ物理的空間、力、制約、そして目標を共有する別のロボットの存在によって話がさらにややこしくなる。鳥や昆虫と同じように、群ボット（swarmbot）にも目的と戦術の決定を担当する「部隊長」ロボットはいないかもしれないが、代わりに序列のない協調を生み出すきわめて単純なルールに依存しているかもしれない。[*10]

行動

感じることと、程度はどうあれ認知によってコマンドが発生したら、ロボットはしばしば3次元空間でそのコマンドを実行しなければならない。したがって、ロボットは2次元空間のコンピューターと主として2つの点で異なる。第1に、空間における動きは、画面上のピクセルほど精密でもなければ予測可能な環境中にもないモーター、水力装置その他の作動装置によって遂行される。第2に、人間とロボットのかかわりは、デスクトップにつながれたマウスやキーボードより人間的な感覚、認知および感情のエネルギーを巻き込んだ時間と物理的3次元で発生する。そのため行動条件は、より複雑になる。つまり、ひとつにはコンピューターのデスクトップより制約の少ない状況で人間がロボットと相互作用するため、ロボットをつくるのがより難しくなる。

アップルの音声アシスタント「シリ（Ｓｉｒｉ）」、ＩＢＭのコンピューター「ワトソン」とグーグル検索はどれも、人間とコンピューターのインターフェースにおける最近の進歩の例である。これらの自然言語システムは単にマウスのクリックと同じことをした音声コマンドを受け入れるだけでなく、（ひとりの話者だけに「教育された」早期のシステムとは違う）多様な声と、辞書の定義をそのまま表していないニュアンスの両方を理解できるようになる必要がある。散歩中の隣の犬に出くわしたとしよう。「背中を引っ掻こうか」「うしろに下がれ」、「ここに戻って来い」、「家に帰れ」と言うのは4つの根本的に違う意図を示している。ここで、人工知能がロボット学の現状につながる。機械が人間と相互作用するとき、その人びとはふつう、自分が何を望み、その願望をどう表現するかはっきり認識していない。検索語を入力することと対比して命令を言葉にすることは、解釈の過程に別の種類の複雑さを持ち込む。

ロボット科学の語彙では「control」をロボットシステムの中心機能に位置づけているが、「control」という語にはじつは問題がある。たとえば、無線操縦のおもちゃのレーシングカーを操縦している人間にくらべて、異なるソフトウェア・アーキテクチャー（基本設計概念）の層は、システムから察せられる見た目の行動よりランダムか、目標志向に乏しいかのどちらかの可能性がある。（同じ仕事を繰り返しする、あらかじめプログラムされた固定型の工場ロボットに対して）自律ロボットの場合、標準アーキテクチャー（規格）が具体化している。最高のレベルでは、人間の命令を受けると、ロボットシステムが計画し、目標を設定し、場合によってはロボットの形も変える。高レベルのコントロールは中間層に干渉せず、そこではナビゲーションと障害物回避が同時に機能する。最後に、モーターなどの装置に対する低レベルのコントロールでは、高レベルの命令を物理的動作に転換し、スピード、車の姿勢、安定性を監視して細かく調整する。低レベルのセンサーからのフィードバックは、命令のロジックが記憶装置へと下方に変換されるのと同時に上方にも流れる。[*11]

突然、多くのロボットが発生したのはなぜか？

ロボット工学の研究は1960年代のなかばから行われてきた。では、2010年代になってロボットが突然、主流になったのはなぜだろう。この問題を、供給側のプッシュと需要側のプルから考えてみよう。需要側では地政学が一役買っている。移民への抵抗という社会的な理由で、日常的な仕事を自動化する必要性が増した。実際、ドイツ、日本、韓国が労働者ひとりあたりの産業ロボット数で世界をリードしている。この三国とも、出生率が低く自動車製造部門が大きい。今後、さらなる高齢化と、移民を減らしたい望みに対応するのに個人用介護ロボットが役立つと期待されている。供給連鎖と製造でロボットが使われると、細かい反復作業（たとえば溶接や基盤組み立て）を標準化するとか、あるいは単調な低賃金の仕事（たとえば病院で汚れた衣類を運ぶこと）から人間を解放することができる。

グーグル、ボルボ、アウディ、メルセデス・ベンツなどの会社は自動運転車を開発しているが、従来の自動車メーカーの多くはロボットの、または「ロボット風の」行動を製品に取り入れようとしている。自動縦列駐車にしても経路追従（車線逸脱警告）、近接検知（駐車用の後方確認カメラでも共連れ防止用のフロントグリル搭載センサーでも）、またはＧＰＳにしても、現代の自動車はセンサー、ロジック、および防災装置が、ロボットの基本定義を満たす各種システムを採用している。

Ｐ・Ｗ・シンガーが著書『Wired for War（ロボット兵士の戦争）』で指摘しているように、戦場におけるロボット技術への米国の投資は、ベトナム後の兵士の死傷者によって政治的コストが増加したことに関係している。アメリカ兵5万8千人超が東南アジアで死亡したことで国内戦線で強い反軍感情が生まれたあと、防衛立案担当高官と文民の議員たちが（主としてヴァージニア州選出の上院議員ジョン・ウォーナーが２０００年に）無人システムに注ぎ込む資源を増やし始めた。[*12] イラク、ソマリア、アフガニスタンなどでの非対称戦争戦術の増大が、簡易爆発装置（ＩＥＤ）その他の反乱兵器に対する防衛手段の需要をさらに刺激した。より長期的に見れば、戦闘でロボットを使えば負傷兵の長期的ケアの経費を削減できるかもしれない。ＩＥＤで負傷して切断手術を受ければ、補装具、運動補助、組織再生などに飛躍的進歩がないかぎり、その後少なくとも50年間は介護に費用がかさむだろう。

最後に、ＮＡＳＡが主として火星着陸機の開発によってロボット工学の進歩を助けた。火星は太陽系のなかで、ロボットの移住が計画されている唯一の惑星なのだ。

供給側では左記の６つの要因によってロボット製造がしやすくなっている。

1　ムーアの法則

集積回路上のトランジスターの数についてインテルの共同設立者ゴードン・ムーアが述べたムーアの法則が、50年近い間、当てはまっていた。トランジスターの密度とそれに伴う全般的処理能力が、2年ごとに約倍になるというものである。ロボットの仕事の多くは処理装置に集中している（経路計画、環境検出、安全運動保護装置）から、処理装置の能力・速度が増すと、より多くの仕事が遅くなったり停止したりすることなく即時に実行される。搭載コンピューターのコアが増えるということは、一定のチップでより多くの仕事が見込めることを意味する。テレビゲーム用やディスプレイドライバーのグラフィック処理の進歩によって、ロボットがセンサーから知った現実の世界を認知過程に取り込むことができるロジックに変換し、その逆も行うのに役立つようになった。

2　部品の調達

マイクロソフト社のゲーム機キネクト・カメラ（とそれに付随する運動検出および3Dソフトウェア・ファームウェア）は、コンピュータービジョン［ロボットの目］が金銭的にもコンピューター技術的にも、手の届くものであることを意味している。たとえばロボット工学で使うステッピングモーターを、カメラと車の窓という、ずっと大きい市場から借用している。小さく低電力の高解像度カメラが携帯電話用に何百万個とつくられている。低電力で低熱のマイクロプロセッサーも、ロボット工学に使える。携帯電話用につくられたチップに加えて、アルドゥイーノとクレジットカード大のリナックスPC「ラズベリーパイ」で、激安で高性能のPCが研究所や製品開発の場に登場した。タブレット型コンピューターの大量生産もまた、以前は特殊な部品だったタッチスクリーンの値段を下げた。

3 — 数学

経路ナビゲーション、画像処理、センスメイキングおよび状況認識のアルゴリズムは、検索、ソーシャル・ネットワーク分析、ゲーム、ビデオレンダリング、自然言語処理などの隣接分野の進歩から借用できる。機械学習が検索とビッグデータ分析の主要分野として浮上し、関心と資金が乏しかった時期を経て、人工知能の研究を第一線に返り咲かせた。広範なオープンソースの動向がロボット工学にまで及んで、より多くのコードライブラリーが使えるようになり、その結果ゼロから始めなければならないプロジェクトは少なくなった。たとえばプログラマーたちは世界の5番目か95番目のロボットオープンドアライブラリーを書き込む代わりに、この共通する問題を解決しようとするコミュニティの試みを取り入れるか、適応させればよくなった。

4—人材

レゴ・マインドストームのロボット作成コンペが原因か、コンピューター科学の専攻学生が増えたからか、それとも世界中の大学にロボット工学専門の学部ができたからか、多くの優秀な学生がロボット工学分野に入っている。産業ロボットの製造、自動車と家庭用電化製品のセンサー駆動技術、軍事および宇宙航空技術の推進のために業界が引き続き専門家を雇っているのに伴って、ロボットの製造は経済的にも魅力あるものになっている。

5—金銭

民間分野では、2012年にロボット工学の新興企業数社のひときわ注目を集めた買収とあわせてインチュイティヴ・サージカル社の劇的な株価上昇もあって、ロボット工学ベンチャー企業に投資が集まった。それに加えて、グーグルがネスト社（32億ドル）とボストン・ダイナミクス社（買収額未公表）をはなばなしく買収したことによって、この分野がさらに注目された。アマゾンがキヴァを7億7千5百万ドルで買収しただけでなく、ソフトバンクもフランスの人型ロボット工学企業アルデバラン社の株を推定1億ドルで入手した。最後に、ロボット工学への軍事支出が大幅に増加していることの重大性は強調しておかなければならない。現在進行しているプロジェクトに、不発弾処理、国境監視、無人機戦がある。防衛費は複雑で機密扱いであるため確実な金額は調べにくいが、ある業界の推定では2010年の防衛ロボット費が58億ドルで、2016年までに80億ドルに増やす計画となっている。*13

6 その他

ロボット製造の需要が広範囲であることから、すでに発展している分野の進歩も利用している。

●1957年に発明されたハーモニックドライブ・ギアはロボット工学のほか印刷、工作機械、航空宇宙科学などの精密機器に広く使われている。高トルクと小型軽量であること、また同じ物理ボリュームで従来の遊星ギアよりずっと高い効率を達成できることが、ロボット製造者にとって魅力的な特長になっている。

●GPSはどこでも無料で、ロボットの大ざっぱな位置検出用のセンサーの一部として使うことができる。

●ワイファイは、自律ロボット工学の重要課題である、任意の場所にある装置を基地局や外付けのプロセッサー、外部カメラなどの装置につなぐ方法に使える。前世代のロボット工学研究者は、複雑で反応が遅い無線プロトコルやつながったロボットをケーブルに適合させなければならなかった。安くて安定している無線ネットワークのおかげで、今の研究者はもっと根本的な問題に取り組むことができる。無線ネットワークは「クラウドロボティクス」への道も開く。つまり重い処理はロボットの外か敷地外のサーバーに回すことができ、それに伴って装置間で学習を共有させることができる。[*14]

●レーザースキャナーが使われるようになったのは1960年代、レーザーが発明された直後のことだった。値段が下がり、信頼性が上がるにつれて、ライダー［レーザーレーダー］が自律ロボット（自動運転車を含む）で環境知覚と物体分類のために広く使われるようになった。

●ソフトウェア工学における（デバッグ作業、モジュール性、新しいタイプの開発体系の）改善によってロボット工学が進歩した。というのは、ロボットにはかなりの量のコードが必要であり、（ウィンドウズのように）難しい設定などは一切なしで使える優勢なオペレーティングシステムがないからである。マセマティカなど市販のソフトウェアもセンサー処理などのロボット機能に利用できる。

●人間の顔をしたロボットの「皮膚」を生きているように、また柔らかくするためのポリマーや無人航空機に使われる炭素繊維と航空機用金属にしても、必要に応じて電気的に導体にも抵抗にも半導体にもなりうる使いやすい材料にしても、材料科学の革新もロボット工学の進歩に役立っている。実際、大きく改良された電池によって、材料科学はノートパソコンとスマートフォンの電力革新を可能にした。これはロボット工学分野全体としても、限られた研究費では不可能なことだったろう。

●コンピューター科学が何十年間かチェスを研究対象にしたのと同じように、ロボット学はロボットのサッカー・ワールドカップを自律ロボットによるチーム行動の物差しにしてきた。1997年に始まったロボット・サッカーW杯が、人工知能と関連分野の研究の成果発表の場になっている。最終目標は次のように記されている。「2050年までに、完全に自律した人型ロボットのサッカー選手チームがFIFA（国際サッカー連盟）の公式ルールに従った試合で、最新のワールドカップ覇者に勝つこと[*15]」。

このように簡単にまとめただけでも、ロボット工学への関心がいかに広く、深くなったかがわかる。だが生活の多くの分野での将来性については、想像の域を出ない。人口動態、技術革新、戦争と政治、上がり続けるコンピューター性能などの、ロボット工学を進歩させる力の重要性が近いうちに低下するとは考えにくい。今後数十年間で各種ロボットの性能が試されることになるだろう。ということは、ロボット工学の将来はきわめて明るい――そして、やや混沌としていると思われる。

第5章 自動走行車という名のロボット

百年少々の間に、乗用車とその親類であるトラック（軽も大型も）が地球の景色を、それ以前のどの単独技術よりも大きく変えた。郊外化、交通渋滞、それを支える大多数を占める先進工業国の労働人口、地球の二酸化炭素濃度への影響に見られるように、車による移動がある意味で20世紀の特徴だった。自動変速装置やエアコンなどの大きな発展のあとでは、1960年以来世界の人口が30億人から70億人超に増えた状況で、自動車技術に根本的な変化はなかった。1世紀たった自動車技術（とくに内燃機関）の影響力は現在、インド、中国、メキシコ、ブラジル、その他の世界各国で感じられており、ある推計では自動車と自動車関連業界で世界の年間収入が2兆ドルに達しているという。[*1]

環境保護費から交通でむだになる時間、毎年発生する何万人もの交通事故死まで、自動車の影響の多くは悪いものである。悪影響を軽減しながら自動車による移動の恩恵を受け続けるために、自動走行車または半自動走行車を利用しようという、次のような強い動機がある。

●たとえば戦争、人災などの危険な状況で、物資を現場に搬入し人や財産を搬出することができれば、たいへんに望ましい。中東戦争時に簡易爆発物が米国の補給部隊に死傷という多大な犠牲を払わせたことが、無人トラックの利点を証明している。

●交通渋滞でどれだけの時間と燃料がむだになっているか、誰も正確には計算できない。2003年のある推計では、年間で37億時間と23億ガロン（約90億リットル）になっている。2010年には別の調査で、48億時間のむだと19億ガロン（約70億リットル）の燃料浪費と推計された。[*2]

●車はほとんどの時間、遊んでいて、止まっていても貴重な資源を使っている（大都市で払う駐車料金を考えればわかる）。ある試算では、車が使われているのは「生涯」のうち4パーセント未満だという。[*3]

●車を安全に運転するのは簡単ではない。高齢になると反応時間が長くなり、目がかすみ、聴力が落ちるということになりかねない。酒酔い運転や経験不足の運転が原因で、毎日悲劇が起きている。増え続ける交通渋滞が事態を悪化させる。道の渋滞が毎年ひどくなって通勤時間が長くなったとき、忍耐、技能、注意力がそれに応じて常に高まるとは限らない。世界全体で毎年、120万人が交通事故死していると世界保健機関が概算している。

ロボット車両の恩恵は？

人間の反応時間と視覚による計算は当てにならない。じつは機械のほうが人間より車の運転が上手だろうと思われる状況を多数思い描くのは難しくない。たとえば対向車のスピードを測るとき、人間の場合は当て推量になる。人間全体では（たとえば対向車線を横切って（右側通行で）左折する）タイミングを毎日何百万回も誤っている。コンピューター制御の車にとっては、ライダーと処理能力でその計算は何ほどのことでもない。グーグルの自律走行車を別にしても、牽引制御その他のロボット支援によってコンピューターが運転する車が毎年増えている。自動運転車の速度記録を現在アウディが2つもっているが、[*4] その他多くのメーカーもこの技術の可能性を探っている。

飲酒運転やスピード違反、ジオフェンス［仮想の地理的境界線］の境界を外れたことを検知する連動装置はすでに存在する。危険かもしれない状況で運転するロボット運転手にこれらの装置をつなげば、車の所有者に喜ばれるかもしれない。

ロボット支援はオールオアナッシングでなくてもいい。滑りやすい面上で車がスピンするのを牽引制御で防ぐように、人間の運転者へのロボットの「手助け」は増え続けるだろう。というのも、テスラ社が2015年に、自動運転能力が徐々に増加するプログラムを発売した。この手助けは（暗視装置がすでに一部の自動車モデルのオプションになっているように）ライダー・ビジョン装置、力のない運転者がパニック状態でがんばるより速くハンドルを切る装置、または、やはり厳選モデルにはすでに搭載されている自動縦列駐車装置として登場する可能性もある。自動GPSによる道路検索とリアルタイムの交通および気象の統合も好まれそうだ。不慣れな町でレンタカーを運転している人が「自動操縦」ボタンを押す場合もあるだろうし、夜間に家に向かっている通勤者が最もすいている道を自動走行することもできる。

都市部では駐車場が少ないし高額だ。買い物、観劇、スポーツ観戦などの場所の近くに駐車するのに、人はお金を払う。自動運転車が車所有者の従者となって、所有者やほかの乗客を夕方の行き先、たとえば劇場や映画館、パーティ会場で降ろし、空港近くの駐車場のような低額の駐車場で待機して、呼ばれたら迎えに行くという情景は、容易に想像できる。

さらに、車が製品というよりサービスで、自動運転タクシーである場合を想像してみよう。自動運転タクシーに乗客1を、その乗客の目的地に送らせたあと、タクシーの配車係よりずっと優れたアルゴリズムで次の最も近い乗客に向かわせ、乗客2をその乗客の目的地に運ばせる、という手順を繰り返すのだ。この方法で、交通量を減らすことができる（たとえば5人が朝の通勤時にそれぞれ車を出す代わりに、1台の車で乗客5人を次々に運ぶか、（a）相乗りを好む人、または（b）経費節約を望む人を一度に運べばいい）。駐車場も、重要な目的に合わせて配置し直すことができる。人びとの可処分所得も増える。なにしろ車をもつということは、ガソリン代、維持費、保険、駐車料金と数え上げると、価値ある寿命の約96パーセントを仕事をせずに過ごす所有財産にしては、ずいぶん高くつく。タクシーと違ってロボットは「家」に帰る必要がなく、アルゴリズム的に最適のときに最適の場所に止まって燃料を補給したり充電したりすればいい。一日を通して、時間に応じた値段でバランスをとることができる。たとえば時間の自由がきく人は「午前10時半以後の乗れるとき」に安い値段で乗ることができる。スマートフォンアプリで使うタクシー代替サービス、ウーバーでは、運転手がタクシー会社の車ではなく私有車を使う。これを運営するウーバー社は高学歴の人材を雇うなど自動運転車に多額の投資をしており、ＣＥＯの表明もこの計画に沿っている。[*5] ２０１６年の初めに、もうひとつの配車サービス新規事業リフトが、ゼネラルモーターズと自動運転タクシー開発のために5億ドルの契約を結んだ。[*6]

ロボットカーは便利なうえに、人間が運転する車より互いに近づいて安全に走ることができる。反応時間が速く人間に見られる安全運転の妨げ（物を食べる、化粧する、携帯電話でテキストメッセージを送る、体調が悪い状態で運転するなど）がないロボットカーは、お互いに予測しやすい。道路の容量と交通の効率がともに好転するだろうし、その結果、道路拡張の緊急性が下がる場合もある。既知の地図に載っている道路では、ロボット車両は最適な速度で走ることができる。試験コースでの初期の自動走行車研究で、ＢＭＷは３シリーズのセダンの試験を計画し、最良のテストドライバーの累積走行結果を若いドライバーの教育用に使った。コーナーを曲がるときも含めて正しい車線を選び、シフト、アクセル、ブレーキも適切で、自動操縦にどうにか向かってはいるが、ＢＭＷの自動走行車はまだ、ほかのクルマと並んで走行することはできない。[*7]

自動走行車の開発状況は？

過去10年間は自動走行車が急速に進歩した時期だった。２００４年の本『The New Division of Labor（新役割分業）』で、著名な労働経済学者フランク・レヴィとリチャード・マーネインが暗黙知（人びとが知ってはいるが言語で表現できないこと）がもたらす問題について論じている。彼らは次に引用するように、たとえば信用評価と対照的に、規定に基づく定義に明らかに適さない仕事の例として、対向車線を横切って（右側通行で）左折する配達用トラックを使った。

パン屋のトラックの運転手は、信号機の視覚情報、子ども、犬、ほかの車などの動線についての視聴覚情報、見えない車についての聴覚情報（サイレンとか）、トラックのエンジンや変速装置、ブレーキの性能についての触覚情報など、周囲から絶えず流れてくる情報を処理している。この行動をプログラムするには、まずビデオカメラなどのセンサーで感覚入力をとればいい。しかし対向車の前を横切って左折するのには多くの要素がかかわっているため、運転手の行動を再現できる諸法則を発見することは、なかなか思い描きにくい。[*8]

その同じ年、国防高等研究計画局（ＤＡＲＰＡ）が賞金１００万ドルで自動走行車のレースを企画した。コースはモハーヴェ砂漠の困難な地帯１４２マイル。１００チーム超が関心を表明したが、条件に合ってスタートを切ったのは15台だった。人が手を出すことは、一切許されていなかった。最もうまくいった参加車でも、７マイル走っただけで後輪が動かなくなり、スピンしたあげくに煙が出て、どうやら発火したらしい。

2005年に同局は優勝賞金200万ドルの同じようなレースを企画した。DARPAが連邦議会に提出した報告書には、レースの目的が次のように明記されていた。

●センサー、ナビゲーション、制御アルゴリズム、ハードウェアシステム、システム統合などの（主要）分野における自動走行地上車技術の開発を促進する。
●自動走行車が荒れ地を、軍で通用する速度と距離で走行できることを証明する。
●これまで（国防総省の）プログラムやプロジェクトにかかわったことがない広範囲な参加者を呼び込んで活気づけ、自動走行車問題に新たな見識を取り入れる。[*9]

応募した195チームのうち136チームが第1関門である5分間のビデオを提出し、DARPAの係員が118か所を現地訪問したあと、準決勝に出場する40チームを選出した。その後3チームを加えてチームメンバーの合計は1000人を超えたが、多くがこのレース専任の人員だった。準決勝出場チームはカリフォルニア州の競争路に参集し、そこで参加車が走行する予定の競技コースの一部をシミュレートした資格選考テスト受けた。準決勝出場車43台のうち、3回のテスト走行で少なくとも1回を完走したのが23台、3回すべて完走したのが5台だった。その5台だけが決勝コースを完走したことが後日わかって、この資格選考テストの予見性が高かったことが証明された。

ＤＡＲＰＡの出費は賞金を含めて合計１０００万ドル足らずだったが、この投資に対する利益は途方もなく大きかった。米国はすぐに自動走行車研究の最前線に躍り出た。もっと重要なことに、世界の関心が今では、まさにＤＡＲＰＡが特定した分野である、センサー、ナビゲーション、制御アルゴリズム、ハードウェアとシステム統合に集中している。わかりやすい説明でもあり有益でもある例がひとつある。

２００４年のレースに出場したチームのひとつは、ホームシアター用のサブウーファーを製造していたシリコンヴァレーの会社ヴェロダイン社の創業者、デーヴィッド・ホールが組織したものだった。このチームは２００５年のレースには出場せず、同社の車の特許品ＬＩＤＡＲ（ライダー）システムを改良して地形マッピング用に発売した。ＧＰＳは大まかな位置を知るのには役立つが、たとえば車線や私道を特定するのには使えない。２００７年のＤＡＲＰＡアーバン・チャレンジでは、決勝出場車11台中7台のセンサーラックにヴェロダイン社のライダーシステムが搭載されていた。そのうちトップ2チームはカーネギーメロン大学とスタンフォード大学のチームだった（2年前の砂漠のレースでの2者の順位が逆になった）。ヴェロダイン社のユニットは毎分最大９００回転して、64個のレーザーから毎秒百万超の距離点を発生させる。このユニットの２０１３年時の価格はおよそ７

万5000ドルで、最初のグーグルの自動運転車用に使ったトヨタのプリウスが、その単一のセンサーのわずか3分の1程度の値段だったことを考えれば、商業化にはとんでもない障害だった。一方、ヴェロダイン社のライダーは業界標準となって、グーグル（同社では「システムの心臓」と呼ばれた）[*10]などの研究チームが使った。ヴェロダイン社は2014年末にもっと安価な7999ドルの16レーザーユニットを発表し、2015年末には、来年には500ドルを切るモデルを出荷すると発表した。[*11]

自動運転車の開発は、ふたつの逆ともいえる道を進んでいる。グーグルでは、DARPAグランドチャレンジで優勝したスタンフォード大学を率いたセバスティアン・スランを引き抜いて、自動運転車開発の指揮をとらせている。当然のことに、スタンフォードでのスランの信条「自動運行をソフトウェアの問題として扱う」[*12]はグーグルでも同じであり、同社では巨大なデータセットを扱うツールが生きる道である。思いきり単純に言えば、グーグルの自動運転車はソフトウェアの問題として、また車は数を高速処理するコンピューターの周辺機器のようなものとして扱われている。

ところで、最も重要な数値の一部は道路やほかの車ではなく車そのもの、とくに車の「姿勢」にかかわるものということになる。重さ3千ポンド（約1・4トン）の自動車が空間を進むときは物理学の法則に従うから、ピッチ角、ヨー角とロール角を測定すれば車の現在地と直後に行きそうな場所について多くのことがわかる。車が完全に水平で、たとえば50メートル先の地域を測定するルーフから十分に離れたセンサーをもっているとして、突然のブレーキで車の鼻が急降下してセンサーが前に傾くと、その50メートルの距離がかなり近づく。そういうわけでグーグル車に新部品を追加導入したトヨタのレクサスは車自体の走行状態を検知するセンサー一式のほか、車輪回転カウンター、レーダー、ライダーなども導入している（ただし、白紙の状態のグーグル車は別の道を進んでいる）。[*13]

フォルクスワーゲン、メルセデス、ボルボ、BMWなどの自動車会社とその部品供給会社、たとえばロックウェル・コリンズ社、ボッシュ社、コンチネンタル社などは別の方向から向かっている。これらの会社が製造する高級車に毎年、センサー、処理能力、作動装置などが徐々に追加されていることで、車のロボット性がほとんど気づかれないうちに高まり、『カー・アンド・ドライバー』誌が「自律走行車――あなたはもう、それを運転している」と発表するまでになった。[*14] 実際には、完全自動運転を達成するのは大ジャンプではなく、小さな一歩なのかもしれない。機械学習によって教育できるソフトウェアを増やすことで、アンチロックブレーキや牽引制御、安全な車間距離、車線逸脱検知装置、GPS、縦列駐車補助装置、バック用のセンサーなどをさらに完全なものにすることができる。テスラ社の自動操縦はこのやり方を採用し、ライダーは使っていない。トヨタのほうはげた。このAIベンチャーへの投資予定額は2020年までに10億ドルという。[*15]

2015年にとくに高齢者用の自動運転車と家事支援ロボットを研究する子会社を立ち上

ヨーロッパでは2009年から、自動運転の実験が行われている。SARTRE（環境のための安全なロードトレイン）プロジェクトでは、2012年に終了したテストで示されたばかりの技術の多くが活用された。先頭車両——たいてい大型トラック——は資格のある人間が運転する。最初のテストでは、レーザーとカメラシステムを搭載した車の運転者は10台までの連結車（「プラトーン」という）をつなげたいという希望を予約で伝え、指定した時と場所でプラトーンをつなげることができる。連結されたら各車の運転者は運転をやめた。運転者が眠ったり、本を読んだり、ものを書いたり、子どもの相手をしたりしていても安全効率のいい車間距離が保たれた。目的地が近づいたら、運転者が運転を再開してプラトーンから外れた。ワイファイ（Wi-Fi）による車どうしの相互接続でプラトーンのモデルが更新され、2016年時点でテストは成功裏に続いていた。リモートコントロールによって車間距離を短くできると、［空気抵抗が減るため］燃費が20ないし40パーセントよくなる。道路の改良は不要で、EUはすでに、このシステム専用の無線周波数を用意している。[*16]

こじらせ要因

自動走行車への道は複雑で、結果は予想外になるだろうし、なんらかの部門、たとえば地理学と人口統計学がほかより早くこの技術を活用するだろう。すべてを予測できるわけではないが、こじらせる要因として次のものが考えられる。

1―法律

無人走行車が道路を走れるように道路交通法を変える必要があるだろう。ネヴァダ州はグーグルのロビー活動を受けて、真っ先に自動運転車を合法化している。とはいえさまざまな利益団体が要件と条件を追加する可能性があるため、自動走行車の十分な法環境を生み出すのは簡単なことではない。

人びとの心に重大な問題が沸き上がる。自動走行車が衝突したら、誰の責任になるのだろう？　じつは、その答えは微妙だ。

シリコンヴァレーの革新者でオブザーバーのブラッド・テンプルトンが述べたように、現在の環境で自動車事故が起こると、車の所有者が直接、または保険料として間接的に諸費用を払う。ロボット車の場合、責任はふつう財布が大きい会社、つまり車のメーカー、部品供給会社、ソフトウェア販売社などが負うことになるだろう。事故は一瞬の運転ミスの結果（個人的事案）ではなく、製造物責任、つまり不測の事態を予想しなかったシステム上の失敗（企業の不手際）として扱われるだろう。だがこれらの会社に対する判決がかなりの額の賠償だったら、自律走行車は時期尚早だという結論にメーカーが達しかねない。テンプルトンが述べているように、製造物責任の判決が原因で数社が小型飛行機市場から撤退した事実がある。大多数の事例で、操縦士に全責任があった場合でも陪審が航空機メーカーに責めを負わせたために、保険料のほうが航空機の費用より高くなった。[*17]

テンプルトンは人間の知覚についても説得力のある観察をしている。ダニエル・カーネマン[*18]（ノーベル賞受賞者）などの行動主義経済学者と情報セキュリティの大家ブルース・シュナイアーが指摘しているように、人は理性的にリスクを評価するのが恐ろしく下手である。シュナイアーはサメの例を使ってこう言う。サメに襲われたというニュースを見ると、多くの人は水に入るのをやめる。サメに襲われるリスクが犬に咬まれるリスクよりずっと低いとしてもである。[*19]一方、がんや心臓病と自動車事故で年に何十万人もの人が死亡するが、サメのニュースにすばやく反応したようにタバコや高脂肪食やマイカー通勤をやめる人はほとんどいない。自動車事故で死亡したアメリカ人が数年前で年間４万５千人だったが、それが95%減ったら、人の自動車への不信感がかえって高まるかもしれない。統計的思考は直観とは別物で、数は少なくても思いがけない死のほうが恐ろしく感じられるのだ。すでに多くの人が飛行機に乗るのをやめたり、恐怖心をあらわにして乗ったりしているのに対して車の場合は、制御されているという錯覚によって、人はなんとなく安心感をもっている。旅客機のほうが、しっかり訓練を受け厳しい免許をとったパイロットが操縦しているから、統計的にはずっと安全なのだが。自動走行車のほうが自動走行でない車より99パーセント安全だとしても、ロボット車両は同じ恐怖心を引き起こして法律制定の要求や陪審員による多額の賠償金の評決を招く可能性がある。

2—複雑な環境

以前は、それでなくても込み入って高価な道路のインフラに、センサー用の埋め込み式配線や専用車線のある道路網などの設置を伴う自動運転車構想が提案されたことがあった。現在は、自動運転車が既存の道路に適応できるようになっているから、ほとんどの道路はそのうち、ある種の自動走行車が走れるようになるだろう。だが道路上では予想外のことが起こる。シカは走り出るわ子どもは陸橋から水風船（もっと悪いものも）を投げるわ、ポリ袋は飛び回るわスケボーはときには乗っている人ごと往来に飛び込んでくるわ、都会の

自動車事故で死亡したアメリカ人が
数年前で年間4万5千人だったが、
それが95％減ったら、
人の自動車への不信感が
かえって高まるかもしれない。

往来ではバイク便が猛スピードでどこから出てくるかわからない（歩行者とあらゆる種類の自転車が確実に状況を把握して反応するのは難しい）[20]。予想外のことが起きるたびに自動走行車のソフトウェアが「止まれ」と言ったら、人間が運転する車が（正常運転だったとしても）追突するのがオチだ。２００９年から２０１５年までの間に、人間が運転する車がグーグル自動運転車に衝突した事故14件のうち11件が追突だった[21]。

グーグルは早くから、道路交通法の条文どおりに運転するのは現実的ではないと気づいていた。高速道路への入口車線に入るのに十分なスペースができるのを待っていたら、いらいらが生じ、せっかちな運転者は路肩を走って行った。同じようにロシアでは、大渋滞のために車線境界線がしばしば無視される。ロサンジェルスや東京、ローマではどうだろう。工事現場や事故の現場で、ライダーとコンピューターアルゴリズムは、ときに口頭で指示する警備員や警察官にどう対応するのだろうか。運転環境に適合するアルゴリズムはない。では、自動運転車はどうやって選ぶのだろう。

グーグルの方法が必要とする、マッピングされたポイントクラウド［コンピューターが扱う点の集合］は密で多くの人手を要するから、駐車場や立体駐車場はグーグルの自動運転車には利用しくい。またグーグルの自動運転車はどうやってブレーキ灯や非常灯に気づき、どうやってレッカー車のライトバーと救急車のライトバーを見分けるのだろうか[22]。人工知能のほかの分野でも大いにありうることだが、「難しい」問題（たとえば地図を読むこと）が比較的簡単で、「簡単な」問題（たとえば大きい石と段ボールを見分けること）が思ったよりずっと難しいこともありうる。

天候も手強い問題になりそうだ。雪が降れば車線境界線が見えにくくなり、まぎらわしい影やまぶしい光が発生し、静止摩擦に影響が出る。雨が降れば、センサーがどれだけ優れていても視界が限られる。道路の冠水、泥道、湾岸道に吹き寄せる砂などもセンサーを混乱させかねない。どれだけ試走しても、環境地図をつくっていても、自動走行車があらゆる不測の事態に備えられるようにはならず、（たとえばインスタント・ビデオリンクによって）人間の助けを求めることができて役立つ場合があったとしても、異常検出と処理はある種の法則に従う可能性が高い。つまり、状況の5パーセントが運転停止、衝突などの不具合の80パーセントを引き起こすのだ。

3 ― 経済

すでに述べたように、早期のライダーはレーダー、車輪センサー、そしてもちろん、コンピューターのソフトウェアとハードウェアの費用に加えて、自動走行車の値段に7万5千ドルを上乗せした。ムーアの法則と大量生産でハードウェアの費用が減り、時間とともにソフトウェアが改良されれば、安全関連の画像処理ライブラリと関連コードによって値段を下げるのに役立つと思われる。

もっと予測困難なのが、自動走行車への補助金の有無だ。グーグルは、広告ターゲティングに役立つ情報を運転者が提供するなら、費用の一部を支払うかもしれない。グーグルの最も強力な検索システムはデスクトップパソコンにあるが、米国の人びとが人生の多くの時間を過ごす自動車内で注意をある程度引くことは、広告ビューアーを広告主に売ることを主な収入源にしている会社にとって、経営上意味をもつだろう。

全自動運転技術が証明されたら、保険会社が人間の自動車保険をどんどん高くするかもしれない。統計的にリスクの高い人びと（未成年者と高齢者）が保険に入るには、状況によってロボットカーを運転することを要求されるかもしれない。一方、州や地方自治体が自律走行車の購入者に税額を控除する可能性がある。これらの車は互いに近づいて走行するからインフラの経費が下がり、事故も減る結果、警察と救急隊の経費も減るという理屈だ。そうは言っても、ほんの一例としてワシントンDCを挙げれば、年間8千万ドルの駐車違反切符を切っている。[*23] ハイテク車のおかげで、あれこれ歳入が減ったら、何で埋め合わせをするのだろう。

さらに、考慮する必要がある特別な関係者がいろいろある。AARP（全米退職者協会）

は、すでに強力であるうえ、今後ベビーブーム世代の高齢化につれて影響力を増していき、安全性を向上させながら高齢者の移動の自由を維持する点で、自律走行車を歓迎すると思われる。一方、影響力はＡＡＲＰほどではないが、趣味でドライブを楽しんでいる人たちは運転の「自由」が制限されると反対の声を挙げており、その制限のもとが自律走行車だと考えているらしい。保険会社はこの技術を歓迎するだろう。自動走行車が増えるにつれて自動車の運転が非常に安全になって保険料がずっと安くなり、保険の請求と支払いが大幅に減ると思われるからだ。反面、石油会社がこの技術を支持するとは考えにくい。なにしろ燃費はよくなるし、米国での厳しい燃費効率目標を受けて電力との統合でさらに燃費が向上するのだから。自動車会社は、製造物責任の免責を条件として、採用に飛びつくだろう。

4―感情

世論は予想が難しいことで悪名高い。自動走行車の長期市場がどれくらい強いかはっきりしない。ある国で恐れ、欲、目新しさのどれが勝つかが、自動走行車の命運を決めるうえで主要な役割を果たす。この種の車に対する支配的な感情の一部は、言葉、イメージ、記号と世間の議論に潜在する隠喩からくるものである。「ロボカー」、「自動走行車」、「自動運転車」はどれも同じものを指しているのだが、広範に使われる言葉と言外の意味が、この装置が受け入れられるかどうかを決めるのに非常に重要になる。

自動走行車の影響

無人自動車が現在とちょうど同じようである将来は魅力的だ。だが無人自動車は予期せぬ結果を数多く招く可能性がある。そのなかには、かなり怖いもの（銀行強盗の逃走手段）もあればきわめて深刻なものもある。いくつか例を挙げよう。

1 無人自動車によって、資産としてではなくサービスとしての輸送が大幅に進歩する可能性がある。自動車が基本的に陸のドローンになって、ユーザーの便宜（カーシェアリングのジップカーのようなものを考えるといい）や燃費（相乗り）、閑散時の走行速度を最適化したらどうなるか考えてみよう。道路状況をリアルタイムで報告するウェイズのようなツールと市販の最適化ソフト（UPS宅配便のドライバーが（右側通行で）左折しなくてもいいようにする同種のアプリ[*24]）、通行料制度などの税関連奨励制度を組み合わせれば、ラッシュアワーの交通の流れや保険料率と燃費を劇的に変えることができる。グーグルは自動走行車とウーバーの相乗りサービスの両方に投資している。これらふたつのビジネスモデルが合体したらどうなるか考えてみよう。

2　無人自動車は幹線道路の安全性、ひいては住民の健康を大きく改善し、現在、米国だけでも年間5百万件を超える自動車事故の件数を、多少なりとも減らすことができるだろう。無人自動車は飲酒運転をしないし、運転中にメールを打たないし、居眠り運転や車線逸脱もせず、今のところ運転中に突然キレたりもしない。

3　無人自動車は人が自動車にかける金額と自動車の使い方をかなり変えるだろう。使っていないときに車にかかる費用を考えてみよう。大都市圏の駐車場だったら月に数千ドルかかる場合もある。自動車ローン、保険、それに維持管理は巨大なビジネスだ。[*25]

これらの例のそれぞれで、自動走行車は人びとの習慣、事業利益、政府の収入と支出、公共の場の割り当てその他の市民社会の諸相を変える。

ここで、自動車をめぐるビジネス、活動、仕事、生活、それにインフラがどれだけあるか考えてみよう。

●ＯＥＭ（相手先ブランド名製造の）自動車会社――日産、フォード、フィアットなど
●ファストフードレストラン

●道路建設
●運転教習所の教員
●駐車場係、掃除人など
●タクシー運転手
●有料道路
●ガソリンスタンドとコンビニ
●ショッピングモール（ほとんどに最低限の公共交通の便がある）
●ミシュラン、ボッシュ、デンソー、デルファイなどの世界的自動車部品メーカー
●車の販売代理店
●洗車場
●車庫
●即時オイル交換フランチャイズ
●自動車部品小売店
●自動車保険査定員、評価員、請求担当者、引受人
●交通警官
●石油掘削、精製、販売

●エタノール用トウモロコシ栽培
●自動車ローン担当の銀行員

では、お金の動きを追ってみよう。勝者は誰で、敗者は誰か。

勝ち組

マッピングおよびセンサー企業は自動走行車に必須のインフラを供給する。グーグルに加えてボッシュ、ヴェロダイン、コンチネンタルなどの各社がこの市場で業務を行っている。２０１５年にアウディ、ＢＭＷ、ダイムラーが共同で、ノキアのマッピング事業を買収した。

駐車場をかなりの割合で減らすことができれば、都市計画のなかで個人輸送を新しいやり方で組み入れることができる。駐車の費用がかさんでいる病院や高校などの機関は、広い土地の新たな用途をみつけることができるだろう。実際、いくつかの都市の土地面積の最大3分の1が駐車に使われていることがＭＩＴの調査でわかった。[*26] 車を繁華街から閉め出す多くの都市の取り組みに、自動運転車も重要な役割を果たすことができる。ブリュッセル、ダブリン、ヘルシンキ、マドリード、ミラノ、オスロの各都市はみな、この方向に進んでいる。

乗客と輸送機関の仲介者が活躍できる。車が何もせずに座している時間に車をもつのを人びとがやめたら、ウーバーやリフトのような配車サービス方式が、ビジネスジェット機の分割所有方式で使われているような時分割方式と競争することが考えられる。低価格市場では、カーシェアリングのジップカー社やヘルツ社が有用な提供者でありうる。

多数の人びとが同時にマイカーで通勤することがなければ、通勤者は家でもっと時間をすごすことができるし、あるいは移動中にもっと生産的な時間をすごすことができるだろう。たとえ通勤のタイミングと所要時間がほぼ同じだとしても、運転してもらえれば血圧は下がり生産性は上がる。歩行者事故は減るはずである。

米国疾病管理予防センターによれば、2013年だけで米国の3万4千人近くが自動車事故で死亡した。[*27] 2010年に「自動車交通」による救急科への搬送が4百万件あった。[*28] これらの数が相当数減れば、社会のためになることは間違いない。

のろのろ運転の状況にはとくに、自動走行車のほうが人間より適している。車と車のコミュニケーション、すなわち「クラウドオートモービル」によって、混雑した道で情報も少なくてイライラしている人間の運転者のようにアコーディオンのような動作をしなくてすむからだ。ほかの車との協調で交通の流れが改善されれば、移動時間が短縮され、燃費がよくなり、正味のエネルギー消費が減るだろう。クラウドコンピューティングと同じで、個別の資源を集めて組織的に使用すれば、諸経費が少なくなる一方で資源の利用価値が劇的に増すだろう。

不都合な面としては、自律システムが故障すると高い費用がかかることから、システムの検査と認証は自家用飛行機の場合のように厳しくしなければならず、また欠陥がみつかったシステムの回収となると大規模にならざるをえないと思われる。国が自動走行車を直接検査しないとしても、検査所を認証する必要はあるだろう。

銅製電話線のインフラがなくセルラー方式［携帯電話］を米国より速やかに採用した国ぐにのように、昔ながらに道路上に敷設する必要がなく無人自動車のインフラを構築する国ぐにには、有利である。[*29]

負け組

車が毎日22時間、使われずに放置されることがなくなって資源が有効活用されるようになれば、自動車メーカーは販売台数が減って、売り方も変わるかもしれない（たとえばロンドンのタクシーは幅広い人気を博するのではないか）。考えられるビジネスモデルのひとつは輸送をサービスとして売ることだろう。休みの日に子どもたちを運ぶミニバン、春に園芸用品を買いにいく軽トラック、週末のお出かけ用のスポーツタイプの車、スキー旅行用のSUVというような。車を所有するのではなく、客が登録でもしておいて適材適所の車の使用料を払うわけだ。2015年の推定では、共用車1台でマイカー15台の代わりになった。[*30]

同じように、駐車場の必須度は低くなるだろう。駐車係が存在するとしても、それは仕事のためでなくセレブ感を演出するためだろう。

自動車販売業者と自動車ローンは、企業どうしの取引に特化しなければならないかもしれない。というのも、個人の車の所有より車の大群、あるいは少なくとも小群のほうがノルマになるだろうから。現に、米国の20代の人びとは以前ほど車を買わなくなっている。2001年から9年までのたった8年間で、16歳から34歳までの米国人ドライバーが運転した距離が23パーセント減った。[*31]

ショッピングモールの利用はすでに急落している。1956年から2005年の長い成長期に1500か所が誕生したあと、米国での新たな建造が止まった。『The New Rules of Retail（新しい小売りルール）』の著者ロビン・ルイスは、インターネット・ショッピングの影響で、残ったショッピングモールの半分が2025年までに閉鎖されると予想している。[*32]

20世紀の車文化にとって最も重要だったのがショッピングモールや大型店などの小売店だったように、自動走行車が米国内外の経済と地理を再形成する力のカギになるだろう。

無人自動車は休憩時間がはるかに少ないため自動車の修理および定期保守工場は忙しくなりそうだが、タクシー会社などの輸送サービス会社が自社の修理工場を運営する可能性がある。また、無人自動車が事故に巻き込まれにくいのはほぼ確実だから、車体工場は十中八九暇になるだろう。事故の頻度も被害も少なくなるから、自動車保険会社は保険料の値下げ圧を受けて大きな危機感をもつだろう。

地方自治体ではスピード違反切符、駐車違反の罰金、運転者の免許料と車両税などの歳入が大幅に減るだろう。運転者が減りマイカーが減り交通・駐車違反が減り駐車時間が短くなることによって、15年後には地方自治体の歳入、警察力、計画機能がどれも根本的に違って見えるだろう。

ラジオでコマーシャルを流す企業にとってはとくに、「運転時間」は重要な時間である。通勤時間の過ごし方にメールやビデオが果たす役割が大きくなると、ラジオはもう、ドライバー愛用の主要な娯楽メディアではなくなるだろう。衛星ラジオやデジタル・ストリーミング・サービスがAM・FMラジオ放送の領分に侵入する結果、無人自動車が昔ながらのラジオから人びとを遠ざけるのに手を貸すことになりそうだ。[*33]

興味深いことに、グーグルは自動運転車ユーザーの最初のビデオのひとつにドライブスルーのレストランを入れた（そのユーザー、スティーブ・マハンは盲人なのだが）。[*34] ２００９年のボストングローブ紙で紹介されたマクドナルド社の広報担当者によれば、ドライブスルーの顧客が同社の売上の50ないし60パーセントを占めたという。[*35] 車中心の小売店舗形態の多くを修正する必要があるだろう。

タクシーとハイヤーの運転手の仕事は長期的には絶滅の危機にさらされると思われる。ある推計によると、ニューヨークで自動運転車に乗る場合、平均費用はタクシーでは８ドルのところ80セントだという。セミトレーラートラックの運転手は混雑した港、一貫輸送施設、発送センターなどを走行しなければならないが、旅程の最初と最後の部分だけに責任をもてばいい、フェリーボートのパイロットのようになるかもしれない。

というわけで、内燃機関と人間の運転で動く車が世界経済に深くかかわっている以上、「無人自動車（特殊なロボット）は失業を増やすのか、それとも減らすのか」という質問に確信をもって答えることはできない。現在の仕事（一例を挙げるとタクシー運転手）の多くが消えるかもしれない一方で、まったく新しい仕事群が生まれるだろうことは間違いない。また、そのプロセスに影響する現職者の力――いくつかの州は現在、テスラ社の販売方法を不法としている――が移行を決めるであろうことも明らかだ。[*36]

負け組の最後のカテゴリーは予想外のものかもしれない。自動車事故が臓器・組織提供の主要な原因だから、[*37]交通事故死を減らすことによって自動走行車が、移植を必要としている人びとの期待を無にすることもありうる（もっとも、従来の供給源が減るにつれて臓器・組織の３Ｄ印刷が代わりに使えるようになるかもしれないと予想する向きもある）。

トラック輸送

２００６年にプリンストン大学の経済学者アラン・ブラインダーが、サービス業（製造業のあとの仕事）を外国で行うことができるようになる「次の産業革命」について、影響力の大きい論文を書いている。彼が挙げた例はプログラミングや専門的なパターン認識系の仕事に偏りがちで、具体的には株式分析、経理、法律関連調査、エックス線検査読影などだった。工場を外国に移すことがブルーカラーに影響するのと対照的に、サービスを外国に移した場合はさまざまな所得水準の人びとに影響が及ぶ。これが、ブラインダーが看護助手やトラック運転手を外国に移されそうにない職業と指摘することによって強調した点である。[*38]

米国のトラック運送業界はドライバー不足に直面している。ほとんど教育を受けていない労働者の選択肢が50年前（労働人口のうち大卒者はわずか10パーセントだった）よりずっと少なくなったとはいえ、トラックの運転手が得がたいことに変わりはない。孤独感、家を離れている時間が長いこと、長時間座り続けることによる体調不良と健康的な食べ物をほとんど食べられないことが重なって、希望者を遠ざけている。おまけに、前より厳しくなった安全策や運転時間短縮の要求もあって、道路より運転手のほうが少ない事態になっている。長距離運転手の平均年齢は上がり続けており（2013年で55歳）、求人は増加している（やはり2013年の米国で2万5千人[*39]）。

そこで無人自動車が登場する。人間の運転手がいないトラックは、イラクやアフガニスタンでの簡易爆発物による死亡者や重傷者の人数が減ることで、軍にとってすぐに役立つことは明らかだが、民間での利益が見られるにはもっと長い時間がかかると思われる。トラック運転手の賃金は、燃料費や設備投資に比べていまだに低い。自律ロボットによるトラックが出現するのは10年か20年先だと思われる。事実、メルセデス・ベンツは2015年にアウトバーン上でテストした自動運転トレーラーの初公開を、法的その他の承認を待って2025年と計画している。[*40] しかし再度言うが、「完全に」ロボットによるトラックを期待するよりも、人間とコンピューター＝ロボットの能力が交わるところに、肥えた土壌がある。

考えるべき問題

責任をとるのは誰か?

車の自律というアイデアは慎重に考える必要がある。軍司令官の用事であろうと民間人がする家庭の用事であろうと、ロボット車両は常に誰かの命令で仕事をするので自律は相対的なもので、ティーンエイジャーに車の鍵を与えるのとはわけが違う。グーグルの自動運転車はアイスクリーム売り場に行くのか映画に行くのか、それともショッピングモールに行くのか決めることはできない。目的地を教えられれば、自動運転車はもちろん、最適な道を選び、所要時間を推計し、道が混んでいれば経路を変えるなど、役立つことをたくさんできる。

したがって、ひとつの疑問は使用者と使用される、または所有されている自動走行車の関係に直接かかっている。車が害を及ぼしたり混乱を招いたりしたとして、とくに見たところ誰もその車をコントロールしていなかった場合、誰が責任を負うのだろうか。ランド研究所が、自動走行車の採用を遅らせている原因として、責任の心配が大きいことを強調する研究結果を出している。[*41]

お金はどこに？

自律型乗用車のビジネスモデルはどんなものになるだろう。タクシーやウーバーの例では、目的地まで運ぶサービスに対して客が支払いをする。そういうビジネスの延長は、支払うべき運転手がいないものの簡単に思い描ける。グーグルは、数十億ドルのナビゲーションビジネスをすでにもっている。グーグル自動運転車の乗客は、タクシー料金の代わりに広告を見る取引に同意するだろうか？ 積極的に、または大喜びで運転から自由になった時間を仲介するのは、どういう職種だろう？

自律乗用車の製造を従来の自動車製造の延長として思い描くのは簡単だ。実際、既存の多くの自動車メーカーが、すでに使えるロボット技術（ドライバー警告システム、アンチロックブレーキ、自動縦列駐車システムなど）をさらに進歩させて取り入れる実験をしている。だが、乗客の関心そのものが資産になったら、どうなるだろう？ コムキャスト社はNBCユニバーサル社を買収して、同社のケーブルテレビを拡大するコンテンツを手に入れた。たとえばソニーが、家庭用娯楽機器を自動運転車に組み込む可能性はないだろうか。サムスン電子やマイクロソフトは？ アップル社は従来の車をiデバイスの周辺機器として組み入れることを計画している。結局のところ、自律乗用車のビジネスモデルはテレビ、スマートフォンやタブレットのものに、より近いのかもしれない。

万一のときはどうなる？

自動走行車はソフトウェアで走り、ソフトウェアは決して完璧ではない。天候や道路状況（霧、雨、雪、洪水、陥没穴など）、道路工事、または人間の運転者の支離滅裂な行動で自動走行車の誘導システムが混乱したらどうなるだろう。いざというときは制御するとか、システムを再起動するとか、まかり間違えば押すとかの、ユーザーのインプットはどれだけ期待できるだろう。ガソリンスタンドに係員がいない48州では、誰が自律ガソリン車に燃料を補給するのだろうか？

ここからそこまで、どうやって行くの？

経路依存性が強力な力になる。早期の設計決定が将来の革新を形成する。グーグルの方法（ビッグデータ処理プラットフォームに動くハード［自動走行車］をつなぐこと）が先頭を切るのか、それとも昔ながらのメーカーが少しずつ新しいセンサーと処理を加えて現状からつくりあげるのだろうか。モルモットになるのは州の許可・規制機関、保険会社、乗客、販売業者のうち誰だろう？

現役のベテラン対怪物ルーキー

ウーバーは行く先ざきの町でタクシー・ハイヤー委員会と闘わなければならなかった。宿泊予約サイト、エアビーアンドビーはニューヨーク州に訴訟を起こされた。レコード業界の圧力団体は音楽をダウンロードする人びとを訴えた。ゼネラルモーターズはストリートカーの系列を買収し、その後、大量輸送を阻止するために手放した。石油会社は代替燃料への補助金に反対するロビー活動をしている。このように経済的利害関係がとてつもなく多く、長期にわたる商慣習がある以上、今後の闘いで既得権側が黙って引き下がることはないだろう。

地理学の役割は?

自動運転車を素早く採用するうえで、ある場所が自然の条件に恵まれていると判断するのは難しい。たしかに、交通環境が厳しければ厳しいほど、プログラミング作業は難しくなる。しかし、ほどほどに適したインフラ、良好な携帯電話中継設備、必要な水準の富と投資、それに多少の法規範があれば、多くの国が自動運転車の導入を支持する可能性はある。国内で名声が高く自国政府から支援を得ているシトロエン、ミシュラン、コンチネンタル、ボッシュ、フィアットなどの国内屈指の各社なら、自国で広範囲な開発プログラムの陣頭指揮をとることができるだろう。

値段は？

乗る人の安全という大きな利益のほかにも通勤時間や燃費の節約など、いろいろ魅力的な要素があるこの技術の場合、通勤や空港への送迎、夜の外出にいくらかかるだろう？今のところ、主要なセンサーにはスケールメリットがまだ効いていないし、コンピュータープラットフォームは実験段階だし、（たとえばセンサーの）新しい運用方法への投資は、従来のプラットフォームのコスト削減につながる（たとえばバンパーが軽くなるような）フィードバックをまだしていない。実際、ロボットシステムのコストは今のところ、自律走行車の土台部分よりはるかに高く、おそらく2倍する。初めて車を買う人が自動運転車を競争力のある値段で買えるようになるまでに、どれくらいの期間がかかるだろう。もちろん、この損益分岐点に達するにはビジネスモデル面で相当な革新を要する。自律走行車が「補助金つき」という条件なしで初心者用の従来車とまともに勝負できるとは考えにくい。

自動走行車についての最大の疑問は、現在の制約と費用、習性を超越して考えることができるかどうかという点にある。人の移動を新鮮な観点から考え、完全に再発明する自由さをもつのは誰だろう？　１９９０年代のコンピューター用語を使えば、自動走行車のプラットフォームは「キラーアプリケーション」、つまり移動の代替形態を組み立て、その必要性に対応する画期的な方法を探し求めている。この科学技術の限界は、既存の思い込みや固定観念よりずっと速く外されている。これが逆転するのはいつだろう。[*42]

第6章 ロボット兵士

現代の戦争におけるロボット学の役割は急速に変わりつつある。そして最も重要な関連事項、すなわち戦争をどのように遂行するのか、戦闘はどこで起きているのか、また両陣営の戦闘員にかかわるリスクなどはすべて見直されている。取り扱いが決して簡単ではない戦争の道徳的問題もまた、ますます複雑になっている。

モチベーション

米国国防総省の研究開発機関DARPAの広範な任務は「国家安全のための画期的科学技術に重点的に投資すること」[*1]である。ロボット学研究の中心であるDARPA戦術研究室（TTO）のビジョンは、「非対称の技術的優位を生み出すことができる新型の軍事力を迅速に開発し、米軍に決定的優位性と敵を圧倒する能力を与えること」[*2]である。ジョージア工科大学のロボット工学研究者ロナルド・アーキンは、TTOのビジョンは次の、相互に関連する4つの目的に燃料をくべることだと断言している。

●戦力を増強する――所定の作戦にはもっと少ない兵士で十分である場合、また以前は多くの人数を要したが今ではひとりの兵士で任務を果たせる場合。

●戦場を拡大する――戦闘を行う面積を以前に可能だったものより広くできる場合。

●戦闘員の活動範囲を伸ばす――個々の兵士が戦場のより深い場所で活動できるようにする。より遠くを見る、より遠くを攻撃するなど。

●犠牲者を減らす――最も危険で命にかかわる任務から兵士を退避させる。[*3]

これらの目的の達成にかかわる考えのいくつかは、より深く検討する価値がある。第1に、「非対称戦争」が21世紀の米国の戦争の特徴である。装備とモチベーションが対照的な2つの陣営が、それぞれの優れた資源を駆使して戦うとして、米国は技術の圧倒的優位を利用するのに対して、反乱軍は、先住民の思想的訴えが強いことをフルに生かすような場合をいう。たとえば反乱軍のイデオロギーが自爆を認める場合、または子どもや病院という人間の盾が米国の技術的優位をある程度減じることがある。同時に、米軍内に、とくにアラビア語を話す者が足りないこと、もっと一般的には文化的感受性と理解が不足していることが、被災者の「心」をつかむことを大変に難しくしている。第2次世界大戦におけるドイツとの空中戦や日本との海戦では、両陣営が信条でも武器でも似たり寄ったりだったのに反して、昨今の非対称戦争では単によりよい装備（たとえば第2次世界大戦時のジェットエンジン）ではなく、まったく新しい戦闘方法の探求が必要になる。

そこで「戦場拡大」という考えが出現する。「3ブロックの戦争」という理論的構成概念は1990年代に発表されたもので、仮想の町のある地域で米国陸軍または海兵隊が武力闘争をし、すぐ近くで平和維持活動を行い、第3の「ブロック」で人道支援をしている可能性を言い表している。これは文字どおりの戦略にはなりえず、イラクで行われていた建国に必須の任務を含んでいないが、現代の戦争が複雑なせいで、伝統的な軍事法則を適用することには問題がある。戦場がもはや領土を「占拠」する「両陣営」では定義できないとき、とくに地上の軍隊の役割は劇的に変わる可能性がある。

「戦力増強」に関して言えば、現代の陸軍または海軍の構成は2世代前とはかなり違う。流血に一般市民が反対したことで、軍の予算編成と配置の方針が変わった。軍の任務（法の支配の確立対地雷除去）、アプローチ（前線での戦争対暴動対策）、動機（海上交通路の保護対「対テロ戦争」）、戦闘員（召集兵対女性と性的指向が多様な人びとを含む志願兵）はどれも、2016年には1976年と異っている。

したがって多様な因子によって戦争のためのロボット技術開発が必要になり、何十億ドルという防衛関連費がロボット技術および関連する科学にかなりの影響を与えている。つまり多くの防衛以外の開発が、これら戦場での必須事項のおかげらしい。それやこれやの理由で、軍用ロボットを詳しく見ることはロボット学をより一般的に、正しく理解するうえで不可欠である。

軍用ロボットの種類と形態

ロボット学を軍事に利用する範囲は広く、また毎年広がっている。次に述べるのはロボット軍団の目録をつくるのが目的ではなく、軍用ロボットの基本的種類と形態を紹介するためである。

空中

これまで、無人機（UAV）は主として偵察目的で使われてきた。もっとも、無人偵察機プレデターと、それよりずっと重武装のリーパー（死に神の意）は命令を伝えるのにも使われてきたが。UAVの大きさは数ポンド（2〜3キログラム）からかなりの大きさまで、たとえて言うなら長さ3フィート（90センチメートル）の手投げレイヴン（カラスの意）から44フィート（13メートル、ほぼ社用ジェット機の大きさ）で約13・5トンのグローバルホークまでいろいろある。器具の選択には絶えずジレンマがあって、「無視できる」程度に軽いUAVにしたければ、センサーの負荷を最小にすればいい。一方、単一目的の航空機は、とくに配備前の調達年間には新しいセンサーが必要な場合もあって、適切な水準に保つのが難しい。多くのUAVに「忍び寄る要求」の問題が発生し、計画より重くなって機能と滞空時間が低下し、予算をオーバーする。

２０１２年の議会予算局の報告によると、米国軍は１０７６７の有人機とおよそ７５００の無人機を所有していた。無人機の大多数（５３００機）は米国陸軍のレイヴンで、おもちゃのグライダーを投げるように投げて飛ばす、２キログラム足らずの偵察機である。同じ報告書によると、２００１年から２０１３年までの無人航空機・システム（ＵＡＳ、無人航空機の操作に必要な「地上管制局とデータリンク」を含む）への総支出計画が２６０億ドル超だったのに対して、有人機がまだ米国国防総省の航空機調達費の92パーセントを占めていた。[*4] ２００９年のＦ22有人戦闘機１機の予算でプレデター85機が買えたはずで、それらのための訓練および操縦費もかなり安かっただろう。[*5]

最もよく利用されたＵＡＶを表６・１に示す。

小型無人機と有人機および人工衛星の能力を比較すると次のようになる。

表6.1　2012年時点で最も多く配備された無人機の仕様

名称	任務	全長	翼長	滞空時間	上昇限度
グローバルホーク	偵察	47.6フィート	131フィート	28時間	60000フィート
プレデター	攻撃、偵察	27フィート	49.55フィート	24時間	25000フィート
ファイアスカウト(無人ヘリコプター)	標的設定、偵察、砲火支援、監視、状況認識	24フィート	ローター直径27.5フィート	最大8時間、フル装備で5時間	20000フィート
レイヴン(手投げ式)	状況認識	3フィート	4.5フィート	60〜90分	該当なし

出典：議会調査部、「米国無人航空システム」2012年1月3日より。
http://www.fas.org/sgp/crs/natsec/R42136.pdf

1　小型無人機は目下の関心がある地域の上空に一度に24ないし48時間、敵の砲火が届かない高度で人間のパイロットにリスクを及ぼさずに留まり、高解像度のリアルタイムの画像を送ることができる。それに対して人工衛星は、地域上空を短時間飛ぶだけで、画像などの機密情報を十分な高解像度で、またリアルタイムで送ることはできず、事前に長時間、任務を与えなければならない。小型無人機が長時間、空中に留まれる能力には多くの利点がある。広い地域を探査し、狭い部分を詳細に調査し、関心の対象を追跡することができる。課題は、ほかの映像監視の場合と同様に、何万時間もの画像の処理を自動化することである。

2　有人戦闘機と違って小型無人機は、標的から遠い滑走路から飛び立って戻ることができる。

P・W・シンガーが著書『Wired for War（ロボット兵士の戦争）』に書いたように、「グローバルホークはサンフランシスコから飛び立って、メイン州全体で1日中テロリストを探し回ってから西海岸に戻ることができる」。[*6] そのときパイロットは敵の空域から遠くにいて、戦略上・外交上のリスクを回避できる。

3　小型無人機は人間のパイロットを危険のないところに置き、有人機が行うのと同じ空から地上への機能を果たし、機械として有人機より単純なため多くの時間を飛行かその準備に費やすことができる。2009年のワシントンポスト紙によれば、たとえばF22戦闘機は1時間飛ぶごとに30時間の保守管理が必要なのに対して、[*7] 小型無人機プレデターは国境巡視で1時間飛んだときの保守管理がわずか1時間ですむという（戦闘即応性の数字は不明）。[*8] 実際、小型無人機のほうが購入と運用費の両面で費用対効果がはるかによい。防衛予算が縮小されるなか、空中戦の優位性を誇る有人戦闘機は、とくに過去40年間、空中戦闘がほとんどなかったことを考えると、金食い虫といえる。

4　航空学校のパイロットには長時間で高い費用がかかる飛行時間が必要だが、小型無人機操縦者の訓練は時間も費用もはるかに少なくてすむ。小型無人機はたとえば広い面積を型どおりに飛ぶという（農民が畑を耕すような）、人間のパイロットなら退屈して精密さを欠きそうな日常的な仕事も、たゆまず行うことができる。無生物は人間のパイロットより大きい重力に耐えることができるため、小型無人機はいずれ、有人飛行機を打ち負かすことができるはずである。また小型無人機は人間のパイロットのように生命や健康を危険にさらすことなく、危険な状況（放射線、火山活動、敵の砲火）の中に飛び込むことができる。実際、小型無人機を囮にして敵の対空部隊に追跡システムをオンさせることによって敵の居場所をつきとめるのは、状況によっては完全に正当化される戦略的取引であろう。

5　小型無人機はエンジンが軽量で小型であるため任務に入りやすく、発見されにくく、値段も安い。エンジンが小さいということは、ノイズが少なく、汚染が少なく、燃料の使用も少なく、値段は安く、低性能の部品で足りることを意味する。航空機のコックピットにパイロットがいないようにすることによって、設計を単純にでき、軽量化でき、偵察や戦闘を行うためにすべての資源（燃料も）を最大限に活用できる。

海上

これまで海水は無人走行車にとって空や陸より難しい環境だったから、報告できる話は少ない。海水は腐食性が強く、風や潮汐、潮流のせいで、自動化にとってナビゲーションは厄介だ。あらゆる環境で、霧と雨はロボットのセンサーにとってストレス要因になる。感受性の強い電子機器には波はストレスの多い物理環境になりうる。そして沖、とくに潜水艦への安定した無線アクセスは望めない。[*9] それにもかかわらず、無人船による海底の監視や地図作成のような退屈な任務や、地雷探知と爆発などの危険な作業は十分に見込みがあるため、いくつかの計画が実施されている。しかしこれまでのところ、海軍での小型無人機の製造は他の軍より少なく、それには技術、歴史、組織などいくつかの理由がある。

無人潜水機（UUV、別名「自律型潜水機」AUV）は（無線信号の限度内で）自律作動しなければならず、低ノイズの無人作動に適した動力源をもち、また敵に捕まったり、仮にも再利用されたりしないようになっていなければならない。したがって武装船をつくるには長い期間がかかるが、偵察と地雷除去目的のものは計画期間が短くなる。たとえばレムスはノルウェーの会社が製造した転用魚雷であり、無人小型潜水艦が従来の潜水艦から進水したという報告もある。レムスと同じ会社が製造したシーグライダーは、動力源が電気モーターではなく浮力の小さな変化から動力を得ているため、海上で続けて何か月もデータを収集して水面から人工衛星にデータを送ることができる。[*10] ほかの場合と同様に、科学的データ収集と軍事的利用の境界線はときに曖昧だが、これまで多くのUUVが研究のために使われている。

新しいUUVは海上テストのまっただ中にある。プロテウスは重さ3・1トン、全長25フィートで自律でも有人でも運用できる。最大積載量はさまざまだが、米海軍特殊部隊SEAL、小型爆弾などの積み荷は収容できる。プロテウスは理論上、1回の充電で、最高速度10ノット（毎時11・5マイル）で900マイルの航続距離が可能であり、およそ100フィートまで潜ることができる。[*11]

無人潜水艦（USV）スパルタンスカウトは全長36フィートで毎時50マイルの速度を出せる。多様なセンサーを備えているためレムスが行う爆弾処理より偵察に適している。もっとも、疑わしい水上艇を遠隔尋問するためのスピーカーとマイクロホンに加えて55口径のマシンガンも搭載している。スパルタンスカウトはイラク戦争中の2003年にペルシャ湾で使われた。[*12] イスラエル海軍は、最初のUSVである全長30フィート（今は36フィートのものもある）の硬式ゴムボート、プロテクターを監視と偵察のために使ったと明言している。[*13]

地上

ロボットの地上システムは、さまざまな「種」が出現し、この15年間で急速に進歩した。

各種の無人地上車（UGV）を識別するひとつの方法としては、移動方法を見ればいい。UGVには車輪か踏み板を使う種類と、脚を使う種類がある。

車輪型 世界最大のロボット車両は700トンのダンプカーだが、現在は戦闘には使われず地雷の敷設に使われている。オシュコシュ社のテラマックスはそれよりずっと小さいが、ほとんどの非地雷敷設用の基準では結構な大きさで、軍が補給用と偵察用に使っている。重量その他の仕様は不明だが「電子制御方式による運転」技術はすでに多くのシステム（スロットル、ブレーキなど）で使われており、リモートコントロールはもちろん自律作動にも容易に適用できる。

UGVの大きさの逆の極端では、ボストン・ダイナミクス社のサンドフリーは重さ11ポンド（5キログラム）、ガスピストンで自ら飛び立って空中で30フィート（9メートル）飛び、屋上に着陸する。飛行中はジャイロスタビライザーで方向と高度を保って有用なビデオ撮像を継続する。現在の型は目と耳の役割をするものだが、同様のプラットフォームの投擲（とうてき）武器「スマートグレネード」もある。

無限軌道 無限軌道UGVは2001年以来、中東戦争で最前線に躍り出た。そのほとんどが、MITから独立したボストンの2社で製造されたものだった。一方の会社アイロボットはパックボット（図6・1参照）を製造している。これは24ポンド（10キログラム）の遠隔操作の無限軌道車で、何千もの簡易爆発装置（ＩＥＤ）の発見と不活性化に使われてきた。偵察装置をもとにしてつくられた後発世代のパックボットとそれに類似の車は、小さい物体を動かし爆発装置を不活性化するか安全に爆発させる、機械的なアームとグリッパーを加えたもの。その他の型は、砲撃の場所を突きとめる（スナイパーの位置を定める）、危険物、毒ガス、放射線を検知する、また顔を認識することができるさまざまなセンサーやカメラ、ソフトウェアの新たな形態となった。２０１３年時点でこの種の装置２千がイラクとアフガニスタンに配備されていた。[*14]

ＭＩＴから独立したもうひとつの会社は、アイロボット社よりかなり古いフォスター＝ミラー社で、やはり無限軌道戦闘機ＵＧＶを製造しているが、現在は買収されて「キネティック社」になっている。そのタロンはパックボットより大きい約１２５ポンド（57キログラム。形状による）で、より速く、種類も多い。最も注目すべきタロンの1形態ＳＷＯＲＤＳ（特別武器観測偵察検知システム）には選ばれた武器が搭載される（図6・2参照）。ただし、配備は限られている。[*15] 搭載できる兵器にはライフル銃、ショットガン、マシンガン、グレネードランチャーなどがある。

ＳＷＯＲＤＳは戦闘を経験する最初の武装ＵＧＶだと考えられているが、人間の兵士が

図6.1 （上）アイロボット社のパックボット。写真提供：アイロボット社。

図6.2 （下）キネティック社のSWORDS（タロンの兵器化ロボット）。写真提供：米国陸軍。

危険な目に遭う前に、無限軌道の戦闘ロボットが爆弾を仕掛けてあると思われる建物、洞穴、または角を曲がった所に突入する場合のほうが多い。ときにはロボットが手投げ弾か似たような荷物を敵の領土に先に運んでおき、自分たちを犠牲にして人間の命を救うことがある。

ほかにも無限軌道の変形が出現している。アイロボット社のファーストルックは重さがわずか5ポンド（2・2キログラム）で、窓から投げるなどの方法で配備されて兵士の目と耳になる。リコンロボティクス社のスカウトは重さが1ポンド（約500グラム）そこそこだが、重金属の車輪でガラスを割ることができ、100フィート（30メートル）超も安全に投げることができる。スカウトは着陸時に自動的に正しい姿勢に戻り、ファーストルックと同じようにビデオ画像を無線ネットワークで送信する。2012年2月に米国陸軍がこの種の「スローボット」を1100機注文した。[*16] ほかの偵察ロボットと同じようにスカウトも、戦闘で実績を上げたあとは警察、消防、特別機動隊など国内の公共安全対策に速やかに設置される。

脚付き　今はまだ新顔の地上ロボットだが、脚付きのUGVはたぶん、戦闘ロボットの将来を代表するものになるだろう。米国国防総省のシンクタンクDARPAは、MITから独立したボストン・ダイナミクス社を支援することによって、このロボットの開発を後押ししてきた。同社の広報ビデオがすごい。ロボット「チーター」がトレッドミルで毎時29マイル（47キロメートル）を超え、基本的に運送用ロボットであるLS3は芝刈り機なみにやかましいが、でこぼこの地面を走行するという、目を見張るような能力を見せている。

2015年にボストン・ダイナミクス社が新型の人型ロボット（アトラスⅡ）を発表した。このロボットは瓦礫をよじ登って進み、熱、放射線などの悪条件に耐え、バルブやレバーなど原子炉特有の制御装置を操作できる必要があった。また人間用に設計された環境を進むときは、さまざまな種類のドアノブを開け、道具を使い、複雑な仕事もできなければならなかった。[*17]

DARPAが福島のような原子炉事故に対処するために設計したものだった。このDARPAの構想に参加したチームに自前のハードウェアをつくる資源がない場合には、アトラスとその先行機（図6・3参照）が、共通の基盤となった。

生体構造に似せた別のロボットも開発されている。戦闘における柔軟性と可動性を大きくしたいという新たな要件を満たすべく、脚で這うロボットが設計された。ボストン・ダイナミクス社のRHex（図6・4参照）は基本的に固定された、弧の形をした6本の「脚」で動く、重さ約30ポンド（約14キログラム）のロボットで、ひどく難しい地形でも走行できる。RHexはじつに、反乱者が無限軌道ロボット、つまりそうした隙間にはまらないロボットをみつけると簡易爆発物を隠す、側溝や排水溝さえ乗り越えることができる。[*18]

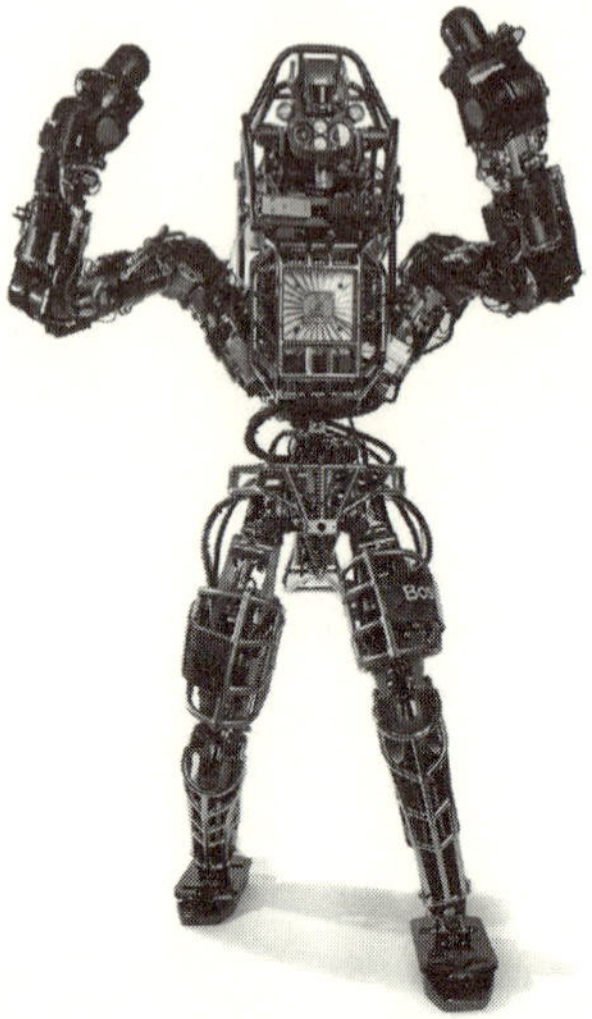

図6.3　（上）DARPAのコンペで使われたアトラスの最初の型。写真提供　ボストン・ダイナミクス社。

図6.4　（下）偵察ロボットRHex。写真提供　ボストン・ダイナミクス社。

自律

これまで、一般大衆の関心を引きつけてきた大きめの小型無人機は、ビデオリンクによって人間が遠隔操縦していた。レイヴンのような小さめの自律小型無人機はGPSのウェイポイントまで飛んで自分で着陸することができるが、センサーしかもっていない。米国海軍は次世代の半自律UAV（X47B）を開発した。これは、航空上、最も難しい仕事のひとつである航空母艦への着陸に成功している。しかし離陸や着陸だけでなく自律標的設定や武器発射についての議論もすでに始まっている。船に搭載されるミサイル迎撃システム、ファランクスは基本的に、至近距離に近づいてくるミサイルを検知してガトリング砲を毎分4500回転で発射するロボットである。そのとき人間は、差し迫った脅威があるため、ほんの少しだけ関与している（その独特な形状から、ファランクスは米国海軍では「R2D2」、英国海軍では「ダーレク」と呼ばれている）。とはいえ、飛行機で運ばれる小型無人機からであれ地上からであれ、自律ロボットが人間に発砲するのではないかという深い懸念もある。

人間の操作者とロボットによる致死的発射装置の間には、3つの基本的関係が考えられる。「人間関与」型では、UAVまたは他の装置が提供する情報を人間が見て、発砲基準に合えば、使える武器を発射するよう直接命令する。ここでは、情報が処理され標的が自動的に定まったあとに人間の操作者がロボットの決定を覆すことができる、「人間優先」のステップが除かれている。将来は、「人間不関与」型によってロボットの武器が人間の関与なしに標的を検知し、選択し、発砲できるようになるだろう。

完全自律武器の利点は多い。国境地帯などの緊張状態では、この種の武器によって人間の操作者が奇襲で死んだり再起不能になったりする危険性が限りなく小さくなる。北朝鮮と韓国の国境地帯では、サムスン電子社の一部門がつくった半自律の致死的ロボットがすでに配備されている。ロボットは眠らず、厳しい条件に抗議せず、「現地化」もしない。ジョージア工科大学のロボット研究者、ロナルド・アーキンが米国の陸軍、海軍その他の機関のための自律ロボット開発に協力している。彼が、ロボットが人間より優れた兵士になりうる理由を6つ挙げているので、それを要約して紹介する。

1　ロボットは「殺すか殺されるか」という状況にならないため、ロボットのアルゴリズムは、人間の兵士が新兵訓練キャンプで教えられたり実地経験で学んだりしたものより保守的でもかまわない。つまり、ロボットの戦士には人間の兵士には道徳的にも実践的にも困難な、自己犠牲をプログラムすることができる。

2 結局、ロボットのセンサーのほうが（より安定して広範囲で豊富で、センサーネットワークと一体になっていて）、おびえている、多くは混乱している人間の感覚器官よりいいだろう。

3 ロボットには感情がないから、人間の兵士には無理だが報復や恐怖やヒステリーを度外視することができる。

4 行動心理学が、人間にはバイアスがかかることを強く示している。たとえば、実際にはなくても見たいものや見るのが怖いものを見るという。ロボットにはそうしたバイアスはない。

5 より大きい処理能力によるセンサー統合と、より良いアルゴリズムをもち、情報過多の可能性が低い点で、ロボット戦士は人間より有利である。

6 ロボットは公平になれる。人間・ロボット混合チーム内でロボットが行動を観察し記録すると、ロボット側は人間の倫理違反やその他の規律違反をチェックする役割を果たすことができる。[*19]

アーキンはロボットによる戦争の倫理的失敗の可能性も率直に述べている。技術、政治、運用、人権などの問題は研究され始めたばかりである。ヒューマン・ライツ・ウォッチ[20]や国連[21]などの関係機関が、説得力のある反対論を唱えている。[22]

●悪い、または間違った情報やごまかし、誤った作り話などによって人間の判断力が曇らされている場合、ロボットによる戦争が一般市民に及ぼす危険を誰が評価するのか？

●ＡＩのルールエンジンの限界はどのように認識して尊重するのか？　多くのアラブ諸国では、婚礼などの祝いのときに銃が空に向かって発砲されることがある。たとえば、自律航空機が自動小銃ＡＫ47からの発砲を発見して報復することも想像に難くない。この例は仮定の話だが、次のはそうではない。２００８年に米国の空爆によって、アフガニスタンで花嫁を花婿のところに送り届けようとしていた結婚式の参列者47人が死亡したというニュースがあった。死亡者のなかには39人の女性と子どもがいた。アフガニスタンの調査では死亡者のなかにアルカイダやタリバンの関係者はひとりもいなかったとのことだった。[23]米国側の調査結果はまったく公表されなかった。

●ロボットは降参の合図を認識して反応できるだろうか。そして敗者側の戦士は機械に降参するのだろうか。それは、文化によっては臆病を意味しないだろうか。

●ロボットによる殺戮が失敗した場合、責任は誰にあるのか。ロボットのメーカーか、ロボット・コンピューターのプログラマーか、操作するパイロットか、それとも、受託者であって戦闘員ではない、ロボットを監督するビデオアナリストか？[*24] 部隊の統率者か、最高司令官か？

●人間の兵士が死傷する可能性が減って戦争に行きやすくなったらどうなるか。

●戦争に行く、または戦争で戦うことが、ウォールストリートの高頻度取引のような瞬時の決定事項になったらどうなるか。アルゴリズム対アルゴリズムの戦いになったら、先発者の優位性は相当に大きい。

●戦争をする国が、自国の戦闘員にまったく、あるいはほとんど危険を及ぼさずに敵の戦闘員を殺すことができるとしたら、そういう戦争は不当と思われるだろうか。[*25]

●顔認識、致死的兵器と非致死的武器（ゴム弾や音響兵器など）、無線妨害の可能性、誤検出や検出漏れなどの技術的問題は、満足に解決されるのか。

●ロボットが人間の命令を断るか覆すかした場合、または戦闘員がコンピューターを理解するのをためらったらどうなるか。１９８８年に、イラン沖に配備されていた巡洋艦ＵＳＳヴィンセンスに搭載されていた早期の自動誘導ミサイルシステム「イージス」が、人間が関与していたにもかかわらず民間の旅客機を標的にして乗客２９０人を爆破した。その地域での情報不足と国際緊張を考慮すれば、操縦士が発射を許可されなかったとしても敵の攻撃に対する防衛に失敗することを恐れたと考えるのは、理不尽なことではない。

●政治的、心理的、その他の予測できない理由によって命令が覆されたり拒絶されたりしたらどうなるだろう。映画『博士の異常な愛情』のようになったら?[*26]

●ロボットに負けたときの敗者の反応はどうなる?

●戦闘ロボットが乗っ取られたとき(まんざら仮定の話でもない)、どうなるか? 米国の小型無人機プレデターからのビデオ画像がしばらく、軽く暗号化されただけだったことから、敵が簡単に見られる状態だった。隠れたソフトウェアがマイクロプロセッサーに埋め込まれていたのがすでに発見されており、[*27]ロボットが捕虜になったり妨害工作を受けたりして、母国の不利益になるよう改造されることは十分にありうる。

結果

無人走行車が戦争で使われたことによって多くの不測の結果が生じている。次に挙げる例は、これまでに発生した問題が幅広いことを示しているにすぎない。今後はもっとややこしくなるだろう。

●テレビの夕方のニュースで映像が流されたため、ベトナム戦争は「リビングルームの戦争」と呼ばれるようになった。また、ミサイルとスマート爆弾が鮮やかにイラクの標的を爆破する暗視映像がテレビゲームのようだったことから、第1次湾岸戦争は「任天堂戦争」と呼ばれた。イラクとアフガニスタンでのより最近の戦争では、小型無人機が記録したユーチューブ映像が一般市民に視聴されることになった。ベトナムにいた米国軍の気分が晴れない様子を見せた映像がもとで、世論がリンドン・ジョンソン大統領とのちのリチャード・ニクソン大統領を非難することになったのと違って、イラクとアフガニスタンからの「戦争殺害映像」は米国びいきで、しばしば米国軍から配布されて1カットあたり百万回超、閲覧されることがある。[*28]

●無人走行車のパイロットは小型無人機の標的や、敵の砲火の発射源から数千マイル離れた部屋に座っていて、身体的に安全だ。だが精神的負担は、わかり始めたばかりである。[*29]遠い戦争を12時間してから家族が待っている郊外の生活に帰るのは、神経に障るどころではない。小型無人機の操縦士の間に「兄弟の絆」的な結束がないことも、無関係ではない。苦難を共有することによって仲間意識が生じ、それによって操縦士が仕事による激しい感情を処理できることもあるだろう。米国隊が迎撃されているのを見ながら助ける力がないというのは、とりわけ胸が痛む経験だと報告されている。[*30]

●UAVによる戦術的・戦略的利益は意図せぬ文化的意味をもつ可能性もある。米国の敵は、米国のパイロットにリスクを負わせずに無人走行車を殺戮に向かわせることを、単なる技術的優秀さではなく臆病の表れでもあると考えることが、十分にありうる。インドのムスリム作家ムバシャル・アクバルの言葉を借りれば、「戦時に血を流したくない者は本質的に臆病者である」。[*31] このように、米国戦闘員を安全なところに置いておく技術は、敵をさらに抵抗させ新たな反米感情および行動を正当化するものでもあるかもしれない。

●携帯電話の接続が切れて動揺したことがある人は、軍務中の無線周波数（ＲＦ）の状況を知れば驚き恐れるだろう。どれだけ多くの電波エネルギーが生み出され、暗号化通信、ＧＰＳ、ビデオ画像、多くの技術による偵察、レーダーと、以上すべての未遂または実際の電波妨害の形で消費されているかを考えれば、深刻な途絶があったとしても驚くにはあたらない。[*32] 比較対照試験でうまくいった、またはまずまずのできだったものが、戦中のデータスモッグのなかでは、とくに共通のインフラがなく暗号化が必要な状況では、難しかったり不可能だったりすることもありうる。なにしろ暗号化によって簡単なメッセージも大きくなり、インフラへの要求も増大するのだ。ロボットによる戦争の将来について過小評価されているひとつの側面は、無線操縦、監視、および自律装置の無線妨害に関する革新的技術とそれに対抗する革新的技術だろう。

人類の歴史をとおして、戦争と紛争は大きな技術進歩を生み出してきた。火薬、蒸気船、航空機、原子力、ＧＰＳ、それにインターネットはそうした革新のほんの一部である。そ

ロボットによる戦争の将来について
過小評価されているひとつの側面は、
無線操縦、監視、および自律装置の
無線妨害に関する革新的技術と
それに対抗する革新的技術だろう。

れ以前の別の軍事用機器と同じように、無人走行車には良くも悪くも大きな可能性がある。たとえば無人偵察機は人道救援を変貌させることができる。脚のある地上ロボットは超人的な消防士や救命士になりうる。しかし同じように、殺人ロボットが麻薬密売組織のボス、宗教的過激派、または社会から阻害された若者の命令に従うこともありうる。ロボット学の研究所とロボットの大量生産から持ち上がってくる社会的議論をどのように組み立てるかを考えるのが、政治家、立法者、裁判官と陪審員、そして世界中の市民にとって優先度の高い仕事である。

第7章 ロボットと経済

ロボットが50年近く組立ラインの作業をしてきたことを思えば、ロボットと生産性および雇用の関係についてほとんど知られていないのは、やや驚くべきことである。ロボット学が組立作業からサプライチェーンへ、そしていずれはサービス業務へと広がるにつれて、ロボットの使用はより多くの人に影響を及ぼすことになり、その結果おそらく、この問題を本流の議論に近づけることになるだろう。

ロボットは人間の職を奪うか?

自分が1890年のエンジニアだとして、1920年におけるニューヨーク市の馬糞の量を推定せよと問う思考実験がある。線形外挿法では恐ろしい結果が出るが、もちろん、そうはならなかった。自動車が発明されて輸送の形態が変わり、1920年に馬糞が圧倒的な量にはならずに郊外化、マクドナルド、高速道路、その他何十もの事象が現れたことによる変化が１９３０年から現れて今に至るまで続いている。

同じような状況が現在、情報化で生じており、まもなくロボット技術が失業に与える影響にも当てはまるだろう。たとえば、ＡＴＭが銀行の窓口係を失業させるだろうと推測するのは簡単だ。オバマ大統領が２０１１年の演説でその趣旨のことをほのめかした。しかし、事実はほかのことを指している。銀行の窓口係の人数はＡＴＭが出現して最初の20年間に約45万人から52万７千人に増えた。もちろん、ＡＴＭがなければ、その人数がもっと増えたかどうかは知る由もない。[*1] ロボットと自動車関連の職についても同じことが言える。デトロイトでの失業にはさまざまな原因があって、ロボットだけを決定的要因にすることはできない。たとえば日本の、その後韓国の自動車メーカーが成長し、いくつかの国では「国の旗艦」である自動車メーカーに補助金を与えて市場の暴落を防いでおり、自動車所有率が低下し、中西部の工業地帯以外の労働組合が弱体化し、自動車のビッグ３企業の労働経済上の年金と健康保険費の比率が大きくなった。

ガソリンスタンドのセルフサービスとＡＴＭが、人・ロボット協力関係の早期の例だったことに留意しなければならない。アマゾン・ドット・コムにしてもガソリンスタンドや空港の自動発券機、セルフチェックアウト、または客が気づかないうちに従業員の仕事をしているほかのところにしても、セルフサービスは雇用に影響を与えたに違いないが、その微妙な長期の影響を把握することは、不可能ではないとしても難しい。ロボットを操縦する人間のパイロット、整備士、プログラマーなど、世話をする人がいない状態を評価できないからこそ、雇用に対するロボットの影響を測るのは難しい。統計処理をしていない生の数値データの価値は低く、とくに対照群があり得ないGDPと国民雇用率については、代わりの推定値と比較する必要があるだろう。

しかし、これまでの重要な発見を明らかにしておかなければならない。農業が工業化されるに従って農民が都市に移ってきたのと違って、コンピューターが仕事と雇用に及ぼした影響を示す目に見えた指標はほとんどなく、ロボットの影響を示すものはもっとずっと少ない。ロボットは失業を増やすのか。確かなことは誰も知らない。MITのエリック・ブリニョルフソンとアンドリュー・マカフィーは共著書『Race against the Machine（機械との競争）』のなかで、デジタルイノベーションの猛烈なスピードと広い影響が、ほとんどの人びと（技能と知識の習得が遅い）と機関（業務と仕事のやり方の変化も追いついていない）が変化の速度についていくのを妨げてきた、というようなことを述べている。[*2] このように、2008年の不況からの「雇用なき景気回復」を情報技術のせいにすることはできないが、なんの役割も果たしていなかったとも言えない。

一説によると、情報技術は米国の労働人口の「空洞化」と同時に発生しており、もしかするとその原因かもしれないという。中流階級の昇給が停滞していることが十分に証明されており、それには多くの原因がありそうだ。コンピューターがますます多くの複雑な作業を引き受けるにつれて、それらを業務内容の一部にしていた人びとが職を追われるということも、原因のひとつとみることができるだろう。たとえば、うまくやったからといって競争上の優位をもたらさないが必須の仕事である給与計算を、自動データ処理その他の会社に外注することが広まって、給与事務係がほぼ完全にいなくなった。

MITの経済学者デイヴィッド・オーターは、仕事が新しいときは、それに適応し、分析し、改善することができる人間がそれをする必要があるが、仕事がよく理解されマニュアル化できるようになれば、機械が引き継ぐことができると主張している。「真ん中の穴」は、低賃金で高度の肉体労働でもなければ高賃金で高度の知的労働でもない、不安定な仕事を指す。[*3] 残念なことに、仕事を奪われる労働者は新たなカテゴリーで代わりの職をみつけようと奮闘する。ところが、このような労働者は引越も不可能で（原因が家族関係の場合もあれば、ときには住宅ローンが現在の価値を上回っている場合もある）、自分の技能が役立つかもしれないが専門知識、人脈、収入予想などの条件が合わないことが、経験上わかっている。社会的地位で下降移動するのは、調整が難しい。[*4]

新たなロボットは、自分たちが生み出す以上の職を奪うか？

このような状況でこれまで引き合いに出されてきた経済理論では、労力節約型のイノベーションは労働者を自由にして価値を高める仕事に向かわせる、ということになる。手で狭い土地を耕していた農民は、最初は馬で、その後トラクターで耕せるようになって、どんどん大きい土地を耕作できるようになった。今では、米国人口のおよそ2パーセントで残りの98パーセントを食べさせているだけでなく、かなりの量の作物と食品を輸出している。この比率は、100年前には考えられなかったことだろう。

MITのオーターは重要なポイントを突いている。ある仕事が自動化可能だからといって、そうなるとは限らない。同じ業界内でも、じつに同じ社内でも、オートメーション化は労働経済次第なのだ。日産自動車は日本の工場では多くのロボットを使っているが、労働賃金がかなり安いインドでは、それほど使っていない。[*5] 2013年時点で日本の失業率は4・0パーセント、対して米国では7・4パーセントだった。同じ年、国際ロボット学連盟の報告で、日本には労働者1万人あたりロボットが323体あったのに対して、米国では152体が使われており、10年前より72体しか増えていなかった。[*6] このように、ざっと計算して日本には労働人口との比率で米国の2倍以上のロボットがあったが、失業率は米国のおよそ半分だった。少なくともこの例から判断するかぎり、ロボットが必ず失業率を上げるとは証明しがたいようだ。

だが日本経済は多くの点で米国経済とは似ていない。民族の多様性、人口密度、採取産業（鉱業、農業、漁業、エネルギーなど）、輸出入比率などが両国間でかなり違う。日本のほうが高齢化が急速に進んでおり、移民の受け入れはずっと少ない。また、両国でのロボット観も、極端に異なる文化的環境によって左右される。したがって、日本を例に挙げてロボットは失業率を高めないという決定的証明にするのは早計というものだ。また、ロボットが「労働予備軍」になって賃金下落圧力をかけ続けるというシナリオを想像するのもたやすい。インドの自動車工場労働者たちは、賃金が相当程度、高くなったときのために日産がロボットを控えさせているのを知っているから、ストライキの意欲がたいへん低い。

工場

ロボットはこれまで、米国の労働力のなかでどのように使われてきただろうか。自動車産業がロボット労働者使用の先頭に立っていることがはっきりしているから、この業界を見れば、大方のパターン、またはそれがないことの想像がつくと思われる。これまでロボットは、プログラムされた反復作業をし、重い物を運び、塗料を吹きつけ、組立ライン上で部品を取り付けるというように、工作機械そっくりの働き方をしてきた。ロボットはふつう、人間の安全のために重い専用のボルトで留められ、柵の中に入れられる。

いくつかの最新動向が、新世代のロボット労働者の採用を示唆している。リシンク・ロボティクス社のバクスターロボットが発売されたのは２０１２年のこと。従来の産業ロボットと違って、このロボットは比較的安く（約2万5千ドル）、人間に対して安全でプログラムしやすく、おまけに多くの機能がある。標的市場は小企業で、そこでロボットが労働者を、たとえば組立ラインから物を取り上げて瓶や配送箱に入れるというような仕事から解放した分、もっと面白くて価値ある仕事をさせることができる。人びとを繰り返しの退屈な仕事から解放するだけでなく、バクスターは人間のワークフローの中に組み入れられるように設計されている。命にかかわる被害を与えかねない組立ラインロボットと違って、バクスターは接触を感知して人間に害を与えるのを回避することができる。

供給連鎖（サプライチェーン）

もうひとつの動向が供給連鎖ロボットシステムに見られる。そのなかで最も目立った例をつくったのが、ボストンのキヴァ・システムズ社で、２０１２年にアマゾンに買収されて現在はアマゾンロボティクス社になっている。キヴァは人とロボットの協調関係の完璧な例だ。人間の目と脳はロボットよりパターン検知がはるかに上手で、手は感触、適応能力と敏捷さを兼ね備えているので、現在のロボットの捕捉器具よりずっと優れている。ロボットは逆に、反復作業、大きい物を動かすこと、事前に決められたパターンで床に貼られたバーコードに従って進むことなどが得意だ。そのためキヴァは、商品には直接触らず、小売商品のラックを梱包所から保管場所に、また保管場所から梱包所に運ぶ。人間の労働者は、配送センターによくあるように長い距離を歩く必要がなく、ロボットは目視で判別するとか小さい物を掴みあげるという難しい仕事をする必要がない。[*7]

アマゾンの動きが予想できないことを思えば、同社が世界中の配送センターのネットワークを急速に拡大するなかで、必ずキヴァを配置しているとは限らないのは意味ありげだ。一見、不調和に見えるが、（大企業の買収は落ち着くまでに何年もかかることを別にしても）ひとつ考えられる説明は、アマゾンが機械装置そのものよりもキヴァの背後にあるソフトウェアの高度化に関心があるということだ。[*8] ２００７年のある記事に、次のように書いてある。キヴァの倉庫は自己調節型で、回転の遅い商品は届きにくい場所に移動し、回転の速い商品を保管場所の端に置くという。キヴァは１日24時間働くため、たとえば回転の遅い在庫を休止時間中に移動させるのも、人間のマネージャーが多くの優先事項を調整しようとしなくてもソフトウェアが操作できる。記事の見出し、「ランダムアクセス倉庫」が、まさにその内容を物語っている。[*9]

大局的見地で

経済史のある文書に、ある仕事が機械化または自動化されると、労働者は労働人口に入る新たな道をみつけると書いてある。目立った一例を挙げると、1970年時点で米国の労働人口のうち女性の3分の1は秘書だった。パソコンとワープロソフトが導入されると秘書の需要は劇的に減ったが、雇用されている女性の総数は増えた。

1992年にロバート・ライシュ（のちにクリントン政権の労働長官になった）が、先進経済では3階層の労働市場が出現すると予想した。[*10] ライシュはまずサービス業（代表的な2例を挙げると医療と小売り）を考え、それに第2層として先細りする製造部門の生産労働者を加え、さらに第3層のいわゆる「シンボリック・アナリスト」の勃興を予見した。この最後の層には金融サービス、工学、ソフトウェアおよび法律が含まれる。数が急騰すると、オートメーション化される。人間は信用格付けやマンモグラムの読影が機械ほど得意ではないから、人間に代えてビッグデータ分析ツールを使う。エコノミスト誌の2013年5

月号には「銀行員と旅行代理店はすでに千人単位でゴミ箱行きになっており、次は教員、研究者と作家の番だ」とある。[*11] 経理と法律はともに海外に外注され、オートメーション化されている。法的証拠開示の仕事は、以前は非常に手間がかかるため高額（依頼人にとって）でもありもうかる（アソシエイト弁護士やパラリーガルに仕事をさせ、山ほどの時給を請求するパートナー弁護士にとって）仕事でもあった。今では、その仕事の多くはソフトウェアがすることができるという。[*12]

ライシュの予測以後、米国の所得格差の度合いが高まった（図7・1参照）。人口の上位20パーセントの所得の多くがトップ5パーセント、どころか1パーセントの稼ぎである。公立学校の教員ふたりの世帯では14万ドルの収入があるが、この中間所得層はここでの立役者ではない。そうではなく、高収入、ひいては所得格差の増大は、労働に対する報酬ではなく資本に対する運用益が増えたことによるものだと、多くの経済学者が論じている。[*14] 賃金関連の増加を置き去りにした投資関連収入増加への移行は、１９７０年頃から賃金と生産力の開きが大きくなってきたのと、ぴったり一致する。言い換えれば、コンピューターほかのオートメーションのような資産に投資した結果、生産力が増大したが、それによる利益は大部分、労働者ではなく資産の所有者のものになったのだ（図7・2参照）。

こうしたふたつの動き、つまり、ますます複雑化する仕事のオートメーション化と、賃

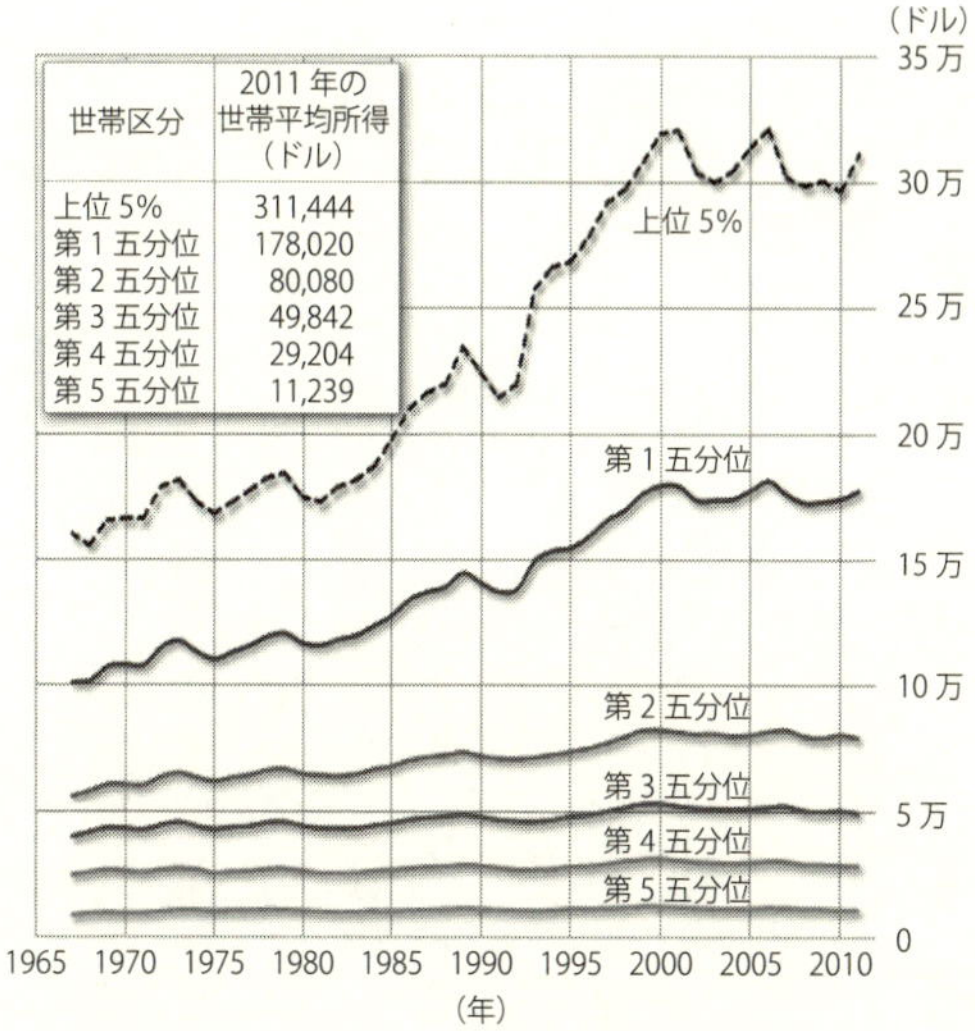

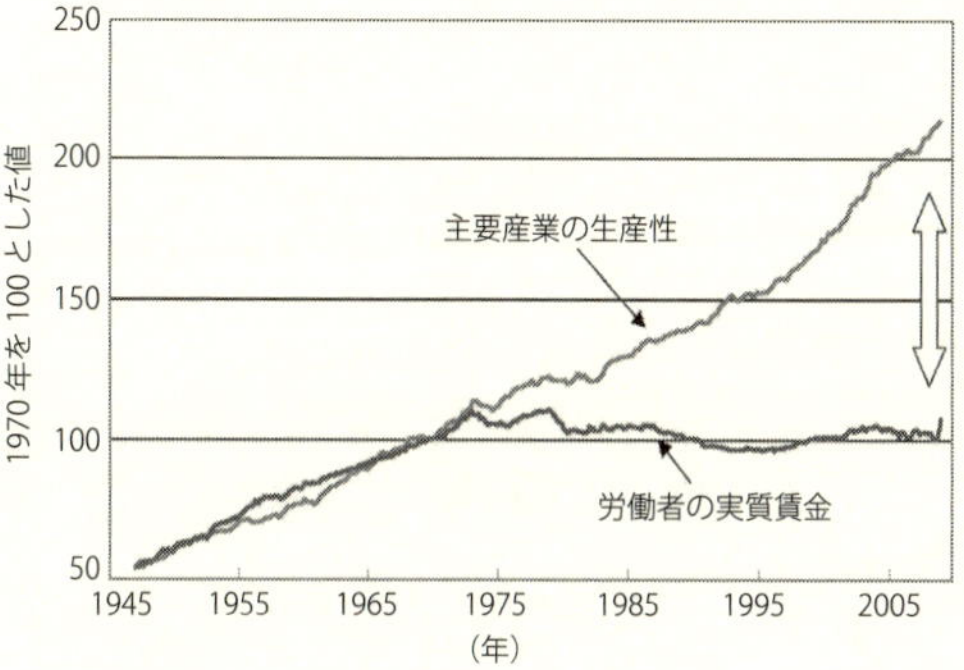

図7.1　（上）インフレ調整後の米国の世帯平均所得。上位5パーセントと5分位値（1957-2011）。出典：国勢調査局*[13]。

図7.2　（下）1970年代に米国で賃金が生産力の増大に追いつかなくなった。出典：労働統計局*[15]。

金に対する資本運用益の増大を合わせると、ロボットは労働者にとって悪いニュースの前兆だと思われるであろう。この負のシナリオの根底には4つの展開がある。第1に、スケールメリットと学習曲線、またマイクロプロセッサーの性能に関するムーアの法則のおかげで、ロボットは毎年、値下がりしている。第2に、ソフトウェア工学、マシンビジョン、その他の部品の進歩と高度の防衛関連研究開発から浸透してきたイノベーションによって、ロボットも毎年、優秀になっている。第3に、昇給が微々たるものだったとは言っても、人間の労働者にかかる健康保険などの費用（たとえばエアコンの費用も含まれる）が増加し続けていることは、人間が毎年、高くつくようになっていることを意味する。

そして第4に、カーネギーメロン大学のアイラ・ノーバクシュが指摘しているように、ロボットは人間の性能を再現する必要はなく、ただ十分に役立てばいいのだ。ロボットとともに仕事をしていくうちに、人間はロボットの長所を最大限に活用し、短所を最適にカバーする方法（たとえば、ロボットが立ち往生したら機械ではない目の役割をするとか、客がほとんど自分で精算するセルフ・レジの通路を設けて、ひとりの従業員がレジ1つを担当するのではなく6つのレジを監督するなど）を学ぶだろう。学習曲線を昇るにつれて、業務プロセスは人間とロボットそれぞれの長所を中心にして再設計されることになるだろう。[*16]

低賃金の労働者と失業者には人脈もお金もないことが多いから、ロボットを最初に所有するのは、たいてい労働者ではなく資本家だろう。賃金が上がるのも、それほど簡単ではない。定量的金融サービス投資家はコンピューター、取引ネットワークその他のロボット技術を利用することによって、専門知識を増強することができる。放射線科医がマンモグラム・スクリーニング・ソフトを早期に導入して、同業者間でそのツールを支配し続けることも、十分にありうる。

もっと楽観的な予想もある。労働人口のほとんどを忙しくさせておくのに十分な仕事がいつでもあった。どのみちロボットは、人間がやりたくなかった仕事、つまり危険、汚い、気が乗らないの「3K」の仕事に使われることになるだろう。経験がこれを裏づけている。不発弾処理や福島のような災害における救助活動、組立ラインでの反復作業、さらには居間の掃除機がけでロボットの試験や使用に成功した例がいくつかあった。[*17] 人間が自分の関心や才能を探求し表すための時間をもっとたくさんもてるようになると予想する人たちもいる。『Wired（ワイアード）』誌の創刊編集長ケヴィン・ケリーがこんなふうに書いている。

ロボットに引き継がせる必要がある。ロボットは人間がやってきた仕事を、人間よりずっとうまくやるだろう。ロボットは人間が全然できない仕事もするだろう。また、人間がやる必要があるとすら夢にも思わなかった仕事をするだろう。そして人間が自分たちのために新しい仕事、人間の存在を大きくする新しい仕事をみつけるのを助けるだろう。ロボットは、人間が以前より人間らしくなることに集中させてくれるだろう。*[18]

学問界のロボット研究者は意見を表明するとき、しばしばこの立場に陥る。ジョージア工科大学のヘンリク・クリステンセンは労働経済学者ではないが、彼の持ち場では高く評価されている。そのクリステンセンが根拠なく、外国から米国に戻された製造職（多くの場合、ロボット工学によって可能になった移動）のすべてが「関連分野でほかの職1・3件をつくると主張している。*[19] ロボットの利点――低コスト、正確さ、それに「クリーンルーム」など人間にとって難しい環境をつくりやすいこと――が、この数字を可能にしている。ロボットが製品をつくる場合でも、その製造には調達、会計処理、修理、マーケティングなど、人間の助けが必要だという趣旨である。

しかし職の問題は単に量の問題だけではない。フランク・レヴィとリチャード・マーネインは、情報技術が仕事に及ぼす影響を研究している労働経済学者だが、「人とコンピューターの間の新たな分業」について、答えるべき「4つの基本的問題がある」と述べている。

1 人間がコンピューターより上手にできるのは、どんな種類の仕事か。
2 コンピューターが人間より上手にできるのは、どんな種類の仕事か。
3 コンピューター化が進む世界で、人間が高賃金でできるどんな仕事が現在と将来に残されているか。
4 その仕事をする技能を、人はどうすれば学べるか。[*20]

車のドアに取っ手を取り付ける組立ライン労働者をクビにしても、看護師の人手不足解消にはならないし、ロボットのプログラマーや保守管理者はもちろん、清掃人でも同じだ。つまり、ロボットに取って代わられる技能は、そもそも人間の尊厳を高めるのにはほとんど関係なかった仕事だろうが、少なくとも仕事には違いなく、失職から配置転換への道が十分に明らかになっているわけでは決してない。雇用主はしばしば「技能不足」を引き合いにして学校や大学にカリキュラムを更新するよう迫るが、それはもっともなことである。だがペンシルベニア大学ウォートン・スクールのピーター・キャペリは、雇用者を教育しない雇用主にも注意を向ける[*21]（雇用主が不完全な履歴書選別ソフトに頼りすぎていることが、人為的に高くなっている失業率にどの程度影響しているかという問題もある）。[*22] このように雇用に対するロボット学の影響には多くの二次的作用があって、それらが近い将来にどうなるかについて明確な答を出すのは難しくなっている。

経済のどの分野にも1対1の等価性はほとんどなく、雇用の分野ではなおさらだから、ロボットが職を奪う問題は、ふたつの理由で保留にすることができる。第1に、ロボットは何かという問題をめぐる混乱が、事態を難しくしている。種類を問わずツールまたは人工物にかかわるほとんどすべてのものが当てはまる可能性がある。第2に、ロボットに職を奪われることが、ほとんどの分析結果で言われるよりさらに進んでいるかもしれない。2013年なかば時点で、米国の被雇用者1億4390万人に対して1176万人の「失業者」がいた。単純計算で2013年なかばの失業率は約8パーセントだが、専門的調整によって正式な失業率は7・6パーセントになった。職探しを諦めた人、パートタイムで働いていてフルタイムの仕事を望みかつ必要としていた人と引退者で、その一部は不本意ながら離職した人びとは、この数字に含まれていない。ほかに、障害者給付金を受けている無職の人が毎月1400万人いた。障害者給付金申請率は1996年からほぼ倍増しており、申請理由の3分の1超が背部痛と筋骨格系の問題、別の5分の1が精神疾患と発達障害で、いずれも確実に診断するのが難しい疾患だった。[*23]

労働経済学者のデイヴィッド・オーターは、障害は「アメリカ労働市場の一種の醜い秘密だ。最近まで我が国の失業率が低かった理由のひとつは、職をみつけにくそうな大勢の

雇用に対するロボット学の
影響には多くの二次的作用があって、
それらが近い将来にどうなるかに
ついて明確な答を出すのは
難しくなっている。

人びとが、別のプログラムを利用していることだ[*24]」と主張している。科学技術関連の大量失業（海外への外注、コールセンターのオートメーション化、小売業のセルフサービスなど）と同じ期間に障害者給付金申請率も倍増したことは、ブリニョルフソンとマカフィーが論じたように、新しい科学技術は富と生産力を生んでいるが、失業者には十分な職を与えていないことを物語っている。7百万件（現在の総数の半分）の障害者給付金申請を失業者に加えると、正式な失業率は政治的に危険な12パーセントに上がるが、それでも不完全雇用や早期退職は含まれていない。

様相がいかに複雑かを示すと、（ともかくも書類上では）背中および関連の問題で障害がある人びとの一部はロボットと組んで、物を持ち上げたり動かしたりさせることもできる。このシナリオで厄介な疑問が持ち上がる。物を持ち上げるのが難しい人と高卒の人が人とロボットの協調関係に何をもたらすか、という疑問である。こうした疑問は割合早く、もっと差し迫った問題になるだろう。当面、私たちは何百万人もの労働者の生活と生計にかかわる膨大な実験の只中にいる。

第8章 人間とロボットは、どうつき合っていくのか

これまで、ロボットの研究開発のほとんどは経路探索、作動、把握、マシンビジョンなどの難しい問題を対象に、ロボットの内側から外に向けられていた。ロボットが人間の領分に入って仕事をし始めた現在、新たな問題が発生している。道路では人間が移動ロボットをよけるとか、ロボットのためにエレベーターのボタンを押してやるとか、迫り来る危機を警告してやるとかというルールはどんなものだろう? 単純な仕事（ATMの操作など）や複雑な仕事（爆撃や手術など）を、どっちがやるのだろう。説明責任や法的責任は、最終的にどちらにあるのか——たとえば、キルスイッチを押して電源を断つのは? 実際の状況を垣間見ただけでも、人とロボットの協調関係が豊かでありうるのと同様に、解決すべきややこしい問題があることがはっきりする。

人間とロボットのかかわり

人間とロボットのかかわり（ＨＲＩ）の研究は、ロボット学のほかの技術的問題とくらべて注目度がかなり低く、職場で、緊急救助中に、または市民の安全が脅かされているときに、ロボットの存在に人間がどう対応するかということより、ロボットが人間からのインプットをどう「読む」かということに集中している。たとえば２０１３年の文献レビューで、ともにロボット分野で最も尊敬されている研究者、ロビン・マーフィーとデブラ・シュレッケンゴストが次のように述べた。

実際問題として、「人間とロボット」のシステム相互作用の基準は、ノイズとエラーを分析に取り込んで、ロボットまたは人間の観察によって推測することが多い。この基準は一般的に、能力ではなく動作主に焦点を合わせるため、ＨＲＩに対する自律の影響を完全に把握するものではない。その結果、現在の基準は、どんな作業にどんな自律能力と相互作用が適するかを決定するのには役立たない。[*1]

ということは、ＨＲＩ研究者は人とコンピューターがどのように相互作用するかという一般基準について合意するには遠く及ばず、まだ提案する段階にあるということだ。この文献レビューで割り出された42の基準のうち7つは人間に、6つはロボットに、そして29は両者の相互作用に関するものだった。人間の7つの基準のうち1つだけ――信頼――が、自律ロボットからのアプローチを受けた人間の反応を測るものだと言える。その他のたとえば「生産時間対オーバーヘッド時間（無駄時間）」はロボットを操作している、または制御している人間に適用される。[*2] ロボット学の代表的学者たちによる論文を集めた百科事典的な書『Springer Handbook of Robotics』で「Social Robots That Interact with Humans（人間と相互作用をする社会的ロボット）」の著者らは、人間に対するロボットの影響の研究は初期段階にあることを認めた。彼らはある疑問を提起したが、それはＨＲＩ研究の中心にありながらまだ答えがでていない、「効果的で楽しく、自然で意義ある人とロボットの相互作用を生み出せるコミュニケーションと理解の、一般的社会的メカニズムとはどういうものか」だった。[*3]

捜索救助の場合

ロボットは、危険で汚いことが多い捜索救助活動に理想的に適している。[*4] 捜索救助ロボットの設計には驚くべき配慮もあるが、このタイプのロボットの人道主義的な美点は、道徳・倫理面でより複雑なほかのタイプとはっきり異なっている。産業ロボットは一部の人の生計を奪い、戦闘ロボットはすでに深刻な問題（文字どおり生死の問題）を引き起こしており、介護ロボットでさえ老人ホームの住人を非人間的に扱うというリスクを冒している。そこへいくと、危険な状況で人の命を助けるロボットの悪い点をみつけるのは難しい。しかし、こうしたわかりやすいミッションでも、人間とロボットの間の引き継ぎについて、考えなければならない問題が多数ある。

　捜索救助の現場は人間の活動そのものと同じだけ広く、捜索救助ロボットは現在、空、地上、水上および水中でテストされている。地滑りや津波のときは、広域を調査するために航空ロボットが必要になる。火事、地震、爆発などで建物の損壊や消失がひどいときは、瓦礫のなかを這い回る地上ロボットが必要だ。瓦礫といってもさまざまで、２００６年には火事、地震、爆発などで残ったさまざまな残骸を区別する技術基準がなかった。

　また、捜索救助ロボットは活動を専門化しなければならない。損壊した建物の感知と構造健全性の評価、ガスの嗅覚と特定（爆発性か毒性か）、放射線の検知と測定および汚染地域の特定、生存者の発見、評価、看護、および救出、被害を受けた地帯の各層と規模の特定はそれぞれ、別々の設計、操作者と手順を必要とする。また第１に、ロボットを被災地に連れていく問題がある。1千ポンド（450キログラム）の機械を何百マイル（数百キロメートル）も遠くから運ぶには、被災地への輸送とコミュニケーションが非常に困難な場合は大問題になるだろう。

これまでで捜索救助ロボットの使用が最もうまくいったのは、空中での地図作成などの偵察作業においてだった。空輸は（とくに有人機が使う高度より低い場合には）容易に計画できるし、内燃機関付きの航空機はふつう配備できるし、空域では予期せぬ障害物も少ない。それに対して瓦礫の中では、ロボットが予期せぬ障害物に出合ったときはとくに、電池の寿命が問題になる。地下やコンクリート・石・鉄鋼中心の瓦礫で無線がつながらないと非常に困難な状況になって、しばしば光ファイバーケーブルと命綱が必要になる（どちらも瓦礫に引っかかりやすい）。特殊な状況ではロボットの移動が遅くなる。たとえば突き出た棒や鉄筋はもちろん、毛足の長いじゅうたんでさえ深刻な問題を引き起こすことがある。実際に、土砂崩れで捜索救助ロボットを台なしにしたことがあった。消防ホースから出た水と灰が混ざると、表面が極端に滑りやすくなり、ロボットのカメラのレンズも曇る。捜索救助ロボット研究者が経験した設計上の問題を研究すれば、この分野の大きな可能性を知ることができるだろう。

ルールとアルゴリズム

消防士、警察官、捜索救助隊は皆、大混乱の危険な現場に近づくとき、ガイドラインに従う。どの部屋をいつ探し、どんな危険があったらどんな安全策を要求し、どんな連絡が必要か——などがすべて、トレーニングと経験によってたたき込まれている。一方、独特で入り組んでいる、そして危険な状況でどのように行動すべきかをロボットに教えるのは、かなりの難題だ。たとえば、自律と命令された行動のバランスをとることが欠かせない。ハリケーン・カトリーナのあと、中規模商業ビルの構造完全性を評価するのにＵＡＶが使われたとき、地上の操作者が小型無人機を飛ばしたが、操作者のストレスを減らすために自律能力があればよかっただろう。というのも、操作者は視線ではＵＡＶとつながっていたが、損壊したビルの近くでまだ、強い風を受けていたからである。良かれと思って決められたロボットのデザインが災害時に何度も却下されている。それは、応答者が装置を操作する方法を直観的に把握できなかったからだった。

設置と保守管理

捜索救助ロボットの開梱は、どれくらい速くできるだろう。経験の浅い操作者が電池を交換するのにどれくらい時間がかかるだろうか。最新の操作マニュアルはどこにある？

インターネットからダウンロードするのは、たいていすばらしい方法だが、携帯電話もつながらなければ電源もなく、おまけにプリンターもなければ使えない。指示は何語で書いてあるんだ？ 今週はほこりまみれで来週は泥だらけ、1か月後には極寒の地にいて、そのあと1年間、暑い倉庫に置かれるロボットに信頼性をもたせる設計は大いなる難題だ。それほど多くの予測不能な操作条件があるプロジェクトも珍しいが。

私はどこ？

災害は風景をさまざまに変える。災害の初期対応で緊急の仕事は、以前にわかっていたことを、発見されたことで埋めていくことだ。この建物は捜索したか？ この橋は、徒歩、オートバイ、車列で渡っても大丈夫か。ガス管はどこだ？ 止まっているか？ ロボットが使い、また収集した空間的情報に関するセンサー、データの規格、関連活動規則を開発することもまた、簡単ではないが優先度の高い目的である。

可動性

車輪、脚、板、翼、そしてプロペラにはそれぞれ長所と短所がある。環境が厳しくて物理的に困難だという知識だけでロボットの最良の移動方法を決めるのは、きわめて難しい。

バックして方向転換するのがほとんど不可能で、人間の操作者が内部状況を知り、正確なリモートコントロールをするのが困難な狭い空間では、反転できるロボットが望ましい。脚つきなどの生体模倣ロボットには予測できない状況で動きやすいという利点があるが、今のところ、つくるのが難しい。ヘビのようなロボットはでこぼこがきつい瓦礫のなかで上手に進めるが、やはりつくりにくい。

搜索救助ロボットの前途有望な面のひとつとして、ロボットと人間（場合によって犬も加わる）かロボットだけのチームの活用がある。頭上のヘリコプターか小型飛行船で広い範囲を見渡し、送電線、埠頭など水辺の崖、捜索済みの地域が近くにあるかどうかを地上のロボットに伝える。上空の目で瓦礫のなかのセンサーを補うわけだ。また、犬の嗅覚力にロボットは及ばないが、人間の訓練士が連れている犬への危険度がわからない状況では、臭いをかぐロボットが使える。アドホックメッシュ無線通信を開設する大群のロボットは、群のうち1体が無力化すると、それを解除して直列ではなく並列で広域作業を行うことができる。とはいえ、大群のロボットを管理するために人間の操作者がどれだけ必要かをつきとめることが、目下の難題になっている。

構造

世界人口のうち多くが水の近くに住み、水がいくつかの形で破壊力をもち、消火活動には常に水がかかわるとすると、地上ロボットを防水処理することは、どの程度重要だろうか。ふつう、ロボットの保守管理のしやすさと、水やとがった物などの危険物による損傷に対する抵抗力の間で、構造の得失評価が行われる。ロボットの運搬、稼動開始、回収に救助隊員が何人必要か？　重量、電池の寿命、そして能力が得失評価を難しくする。現在の捜索救助ロボットは、非常に重い物は運べない。軍の救助ロボットは重症ではないかぎり負傷兵を安全な場所に引きずることができるが、軍の救助ロボットも民間のものも今のところ、建物の瓦礫のなかでは一般に必要な、脊椎の安定化を要する人を安全に搬送することはできない。

役割と運用方法

物理的構造のもっと複雑な問題は、捜索救助ロボットがその操作者や、犬とともに活動する救助隊員と、もっと重要なことに救助される人とどのようにかかわるかにある。ロボットが多様な役割をもつ多数の人びとと共同作業をする場合は、いわゆる「ユーザーインターフェース」がさらに重みを増す。人間とロボットのかかわりは、民間の捜索救助ロボットの場合にとくに重要だ。軍の救助ロボットには専門の操作者とサポートチームがいて、救助のされ方を知っている兵士の扱いを互いに訓練している場合が多い。それに対して災害現場での救助ロボットと民間のサポートチームは、地域の対応要員とともに訓練していないかもしれず、ロボットに発見されて救出される精神構造もなければ訓練も受けていない市民を探すことになるだろう。

操作者に必要な情報は何か。救助ロボットのカメラから送られる視覚情報は、もちろん役に立つだろうが、操作者がモニターだけに集中できるほど安全で気が散らない状況にあるとは想定できない。操作者にはロボットに見える物理的状況、ロボットの稼動状況についての情報（電池の寿命、動作温度）、それに災害現場でロボットがいる場所を示す鳥瞰図が必要だという説がある。これだけ多くの情報を適切に扱うには、捜索救助ロボットにはおそらく複数の操作者が必要だろう。その理由は性能面、持続時間、人間の操作者の心的状態などいろいろある。あるテストによると、第2の操作者によって救助ロボットの稼動性能が9倍に向上するという。[*5] それに加えて、サポートチームと人間対ロボットの比率が重要な検討事項になる。

相互作用の連続体モデルに向けて

「Xはロボットか、そうではないのか」という二択論争と違って、両極端、つまり現実と理論の間のグレーゾーンで、人とロボットの協調関係の連続体に焦点を当てる新たな取り組みがある。一方の極端の典型を、言葉もなく認知もあまりない、純粋に生物的人間である新生児としよう。反対側の極には純粋に人工的な肉体のない創造物であり、『2001年宇宙の旅』のHAL9000のように決して実現しないと思われる雛型で、感覚と論理をもち行動もできる（生命維持装置を止める、外側のドアをロックするなど）が動けないものを考える。

人とロボットの協調関係を決める興味深い場は、これら2つの極端の間、センサーと感覚器官の組合せ、認知と理論、骨と筋肉か水利学とモーターによる行動の間にある、広大な概念域である。こうした協調関係における支援、能力、および責任について重要な疑問が持ち上がる。どちらが相手を、どうやって手伝うのだろうか。最終的支配者はどっちなのか。そして、どちらか一方ではできないことで、協調してできることは何か？

人とロボットの協調関係への混成アプローチが役立つことを示す簡単な例を2つ紹介す

る。

1　客がATMから現金を引き出すとき、客とATM機の相互作用は人とロボットの協調関係であり、人間がロボットに重要な能力を与えることになる。スマートフォンなどのGPSナビゲーションシステムも同じことである。コンピューターが人間の相棒のリクエストに応えて人間がどの場所にいるか感知し、ルートを計算し、あとは人間が指示に従ってリクエストを遂行するのに任せる。

2　人間が生物医学的増強装置（人工内耳、ロボットアーム、スティーヴン・ホーキングが使っているような車いす・音声合成器など）を利用するとき、人間と科学技術の協調関係がいかにロボット学に依存していても、その協調関係における人間側の人間性（と行為主体性）について、まったくなんの疑問もない。

炭素繊維の義肢だろうとグーグル・グラスの顔認識だろうと、あるいは株式自動売買アルゴリズムだろうと、人とロボットの協調関係には多くのグレーゾーンがある。二者択一の定義について思い煩うのはやめて、知識に基づき微妙な意味合いのある議論をすれば、性能が向上した人類と人間らしくなったオートメーションの立ち位置と限界が、はっきりすると思われる。

この議論のなかで持ち上がる可能性のある唯一の疑問は、モータースポーツ競技に見られるような「無制限の」運動競技はいつできるのかということだろう。性能を強化した人間アスリートの新しい競技用に、外骨格型補助具、人工器官やさまざまな移植組織が合法化される日が来るかもしれない。

ここで、人とロボットの協調関係についての議論で人間とロボットが切れ目のない連続線上に乗ったら、薬や医学による増強も自由になることに留意したい。ステロイド、ヒト成長ホルモン、輸血などによって、さまざまなメカニズムで人間の筋骨格の能力を高めることができる。人前で話すときや演じるとき、緊張から困った反応が強く出る人びとに、ベータ遮断薬が長い間推奨されて（または自己投与されて）きた。トラウマとなる経験を思い出したり夢に見たりしている人びとが、心的外傷後ストレス障害（PTSD）用の新薬で、その経験を忘れることができるかもしれない。毎年、注意欠陥・多動性障害（ADHD）の治療のために何千万枚もの処方箋が書かれ、その薬の多くが症候のないユーザーの手に、気分を高めたり能力を向上させたりするために渡っている（学生は最終試験の詰め込み勉強のため、アスリートは成績向上を望んで）。米国でプロのフットボール選手がこの種の薬、アデロール［日本では覚醒剤指定］を服用して出場停止になっている。[*6] ここで重要なことは、多くの競争場面での人間の能力向上についての議論が、それを達成するためのさまざまな合法的および非合法的手段の現実に大きく遅れていることだ。ロボットの性能向上はある意味で、いくつかあるうちのひとつのカテゴリーにすぎない。

コンピューター・機械による増強

人とロボットの協調関係のひとつのカテゴリーは、障害者と健常者へのコンピューター・機械による支援によるものである。てこから始まって、機械は人間の筋力を補助し、その後、作物の栽培と収穫、天然資源の抽出、人工環境の作成などで人間の力仕事の多くを代行してきた。また自動記録針を初めとして、道具が次々に現れて人間の知力を助け、その代わりをしてきた。2ドルの電卓をもつ高校生のほうが、電卓をもたない博士より単純な計算がずっとよくできる。コンピューターで増補されたソーシャル・ネットワークが犯罪の解決、選挙予想や複雑な問題を解くのに役立つ。ロボットはこれら2種類の、つまり筋骨格と認識面での人間への支援と増強を結びつけたものである。

やや別の言い方をすれば、機械は力を増強する。コンピューターは単体で、またネットワークで認知力を増強する。コンピューター処理が3次元に移行すれば、ロボット技術の存在感が増して、人間が感知し、観察し、分析して、距離をおいて物理的実体に作用することができる。2012年に、当時人型ロボットの新興企業ウィロウガラージ社のCEOだったスティーヴ・カズンズが、近い将来に同社のビデオ会議ロボットがテレプレゼンスを超えて、人間が遠くで起きていることをただ見るだけでなく実際の作業を遠隔操作できるようになると予想した。[*7]「人とロボットの協調関係とはどのようなものか」という疑問について、コスト、利益、リスク、資源の配分、倫理とくに代理関係と、これまであまり触れなかった問題を、もっと深く掘り下げてみよう。

手術の場合

断然いちばん目立っているロボット支援治療技術、ダ・ヴィンチ外科手術システムは、じつはロボットではない。この装置は自力では動くこともできなければ、どんな動作もできないのだ。とはいえ、このあと述べる人工器官のように、ダ・ヴィンチの「ロボット」による人間の能力を高める力は強力で、ここで注目する価値はある。さらに、病院のマーケティング活動（広告を含む）で目につくロボット技術は、ロボットという名称がこの分野についての世間の議論を招くという理由からだけでも、注目に値する。

「人とロボットの協調関係とは
どのようなものか」という
疑問について、コスト、利益、
リスクの観点から、
もっと深く掘り下げてみよう。

ダ・ヴィンチは、負傷兵を救助しながら外科医を前線に近い医療機関からできるだけ速く移動させることが可能かどうかをテストする軍の取り組みとともに開発された。その設計目標は断念されたものの、制御盤の前に座っている外科医にコントロールされるセンサー、器具類と各種の道具をもつロボットアームの開発へと進んだ。

1990年代末にダ・ヴィンチが発売されたとき、ロボット支援手術は開腹（胸）手術と腹腔鏡下手術などの低侵襲手術に次ぐ、第3段階の外科手術だと主張された。低侵襲手術の形をしているが、古い形式と違ってダ・ヴィンチは、外科医が鏡像モードではなく実際の映像で手術できる。したがって、制御盤のところにあるレバーをたとえば右に動かすと、手術中の器具も右に動く。そのためロボットによる増強が、外科医の目と手の延長として働く。

10年超にわたって販売されているダ・ヴィンチは、代わりのビジネスモデルを探求している別のロボット工学企業に、役に立つ経済データを供給している。ダ・ヴィンチそのものは、地域と構造に応じて百万ドルから230万ドルの間で売られている。それに加えて、部品は摩耗するし、チップなどの付属品は手術ごとに交換しなければならないため、消耗品と交換部品の販売で継続的収入がある（こうした販売は、価格で競合する他社がないため、経済用語でロックインという）。おまけに、1台につき年間10万ドルから17万ドルのサービス契約も結ばれる。普及度の一端を紹介すると、ダ・ヴィンチ手術は２０１２年の36万７千件に対して２０１４年には44万９千回行われ、ダ・ヴィンチ外科手術システムの設置台数は２０１４年12月31日時点で３２２６台と報告されている。[*8]

インチュイティヴ・サージカル社にとって、同社の装置をできるだけ多く使ってもらうことに、大きなうまみがある。高額なロボット支援手術に伴って良い結果が得られたことを示す証拠はない。[*9] 前立腺手術にはダ・ヴィンチ式が多く行われているが、『Journal of Clinical Oncology』誌（２０１２年）によれば、ロボット支援手術と従来の腹腔鏡下手術のあとに失禁と性的不能が多いという。また、『Journal of the American Medical Association（米国医師会雑誌）』（２０１３年）に、「これまでのところ、ロボット支援子宮摘出術が腹腔鏡下手術より有効であるとは示されていない」という記述があった。しかし、ダヴィンチ外科手術システムが世間でもてはやされていることもあって、病院はダ・ヴィンチ手術に従来の手術の最大２倍の料金を請求し、保険会社も今までのところ、その手術に高い料金を払っている。再度言うが、結果が良いという証拠はない。[*10]

人工器官

人工器官の進歩は、ロボットを定義する３つの要素である感知、論理、行動すべてを進歩させることにかかっている。これらの進歩は、マインドコントロールされたロボット人工器官が実証されるところまで進んでいる。とりわけ、切断患者の義足内などの神経インパルスを検出するセンサーは、人工器官の腕、手、脚などを動かすことができる。この分野の研究開発はイスラエル、スウェーデン、英国、米国など多くの国で行われている。

21世紀初めの中東戦争は、負傷兵の看護がみごとに進歩したのが特徴だった。生存率がわずか76パーセントだったベトナム戦争の負傷兵と比べて、イラクでは患者ひとりあたりの衛生兵と医師が少なかったにもかかわらず、生存率が90パーセントだった。[*11]ところが、この高い生存率と引き換えに、簡易爆発装置、地雷その他の非対称戦ならではの道具の犠牲になった切断患者が何千人もいた。これらの若い切断患者が、場合によっては60年かそれ以上も松葉杖か車いすを使わざるをえないという心身の苦労を負うことを考えれば、ロボット技術（脳・信号インターフェース[*12]を含む）を用いた有効な人工器官を開発することは、現在の研究の最優先事項である。

ロボット付属器に加えて、脚に欠損はないが機能が限られている（具体的には下半身不随）患者用の「ＲｅＷａｌｋ」のような外骨格型で歩行を助けることができる。２０１２年に下半身まひの女性がロンドンマラソンのコースを、ＲｅＷａｌｋを使って16日間で歩ききった。この装置は現在約８万５千ドルするが、医療機関で理学療法士または同等の技能がある人物の監督の下での使用が許可されている。将来は、患者が自宅で使えるようになるかもしれない。機能がそれほど損なわれていない、筋機能が低下している人向けに、歩行を助ける「歩行アシスト」と「体重支持型歩行アシスト」をホンダが開発した。

日常生活の手助け

日々の暮らしの作業を手伝うロボットは、とくに近くに家族がいない高齢者の自立を助ける。支援ロボットの能力は重要だが、支援を受ける側の態度も同じく重要だ。ジョージア工科大学の最近の研究によれば、米国の身体障害者は掃除などの仕事をロボットに助けてもらうのを歓迎するが、移動や食事、入浴などの介助は人間にしてもらうほうがいいとのことだった。介護人側は、まるっきりロボットに取って代わられるよりロボットの支援を得ながらともに働くことを明らかに好んだ[*13]。

在宅支援用のロボットの例として日本ロジックマシン社の「百合菜[*14]」がある。2010年に発表されたこのロボットは、軽い成人をベッドから抱き上げて（バスタブなどに）運ぶことや、電動車いすの働きをすることができる。患者を抱き上げることには危険が伴うため、こういう支援は介護人に大いに喜ばれると思われる。

「ベスティック」はスウェーデンの会社がつくった食事介助ロボットで、同社の創業者は十代のときにポリオを患ったあと腕の機能が低下していた。食事は社会的交流に非常に重要なため、食事を自分でできることはいろいろな面で福利に貢献する。ベスティックはテーブルの上に座るロボットで、きれいで白い色をしている。足踏みペダル、ボタン、レバーで操作でき、将来は声でも操作できるようになるかもしれない。日本製の「マイスプーン」も同じような働きをする。[*15] 食事用の器具や食べ物の食感、食習慣が世界中でばらばらなため、個人用食事支援ロボットは文化によって大きく異なる。

技術支援を選択する際のひとつの要因は、与えられる技術とともに埋め込まれる心理的シグナルにある。いかにロボットのおかげであっても、車いすに座っていたら立っている成人には見えない。外骨格型などのロボット歩行器は周囲に対する患者の態度と考え方を変える。[*16] 多くの高齢者は椅子から立ち上がるときに、ちょっとした助けが必要だが、フランスのロボソフト社のロブLAB10（robuLAB-10）が、その作業を上手にできることを証明している。類似のいくつかのロボット装置とともにロブLAB10もリハビリテーション病院などの施設向けだが、この市場はゆっくり成長している。ソフトウェアが向上し、安全策が広範囲の試験でテストされ、製造物責任が明確になって幅広い採用への障害が克服されたら、こうした装置が家庭で見られるのも想像に難くない。

多くの先進工業国で高齢者率が高くなり、ロボット学の多分野（モーターの改善、共有のソフトウェアライブラリー、新素材、心とコンピューターのインターフェースなど）を相互交流させる動きがある現在、人の自立を向上させる革新的ロボットが生まれるスピードは速いに違いない。

監視

高齢者の介護に使われるロボットは、多くの機能を果たす例が多い。ゲッコーシステムズ社のケアボットは、介護はしないが観察して人の行動をフィードバックしたり、食べること、薬を飲むこと、猫を家に入れることを思い出させたりすることができる。スウェーデンの大学が高齢者介助ロボット「ジラフ」を開発した。このロボットは血圧を監視し、人の動きを記録し（そしてその人物の通常の睡眠パターンを学ぶ）、人が転んだり動けなくなったりしたら警報を送ることができる。

話し相手

先進工業国の人口ピラミッドをちょっと見ただけで、窮状に急速に近づいていることがわかる。食事と医療が改善されたおかげでこれまでになく長寿になり、増え続ける勤労収入がない人びとを養う労働年齢人口の比率が低くなっている状態で、高齢者の世話をどうすればいいだろうか。日本にとっては差し迫った問題だ。65歳超の人びとの総人口に対する割合が1950年の5パーセントから2010年の23パーセントに上昇し、2050年には40パーセントに達する可能性がある。

一方では、増え続ける退職者を養うには、日本や他の多くの先進工業国における労働年齢人口の経済的生産性が上がる必要がある。貯蓄だけでは不十分だろう。そのまた一方で、現在の比率で看護助手ほかの介護人を投入しようとすれば、人手不足と経済的不均衡が生じる。介護ロボットを導入して介護人需要を減らし、同時に産業ロボットとサービスロボットで、人口が急速に高齢化している国ぐにの経済を立て直したい。

ロボットのパロはタテゴトアザラシの赤ちゃんをモデルにしたぬいぐるみだ（図8・1参照）。ウォールストリート・ジャーナルによれば、日本の国立研究開発法人産業技術総合研究所（AIST）が、推定千5百万ドルの費用をかけて開発した。[*17] 2003年に発売されたパロは現在8代目で、1体36万円（1年保証）で売られているパロは、多数の動物を施設内で飼うことなく動物セラピーの利点が得られるという根拠のもとに作成された。

パロには左記の5種類のセンサーがある。

- ●触覚
- ●光

図8.1 | 高齢者介護ロボット、パロ。写真提供：カリフォルニア大学アーバイン校、Creative Commons

● 音
● 温度
● 姿勢

厳密な意味でのロボットであるパロは、明るいか暗いかの区別ができるため自分と人の睡眠周期もわかる。人がパロを叩くか話しかけるかすると、パロは意思を見抜いてジェスチャーと声で応答することができる。このロボットの体と顔の表情には感情に訴えるものがあって、とくになんらかの認知症がある一部の高齢者は、パロによって気分が落ち着くという。

抱きしめたくなるくらいかわいくできていることから、パロには賛否両論が出ている。人に無生物を「愛させる」ことが不自然だと指摘する批評家もいれば[*18]、ある高齢者がパロをかわいがると、介護人と、とくにその高齢者の子どもたちが意義のある人間の接触がもう必要ないと感じて、ある論文に書いてあったように「おばあちゃんのことはもう心配いらないよ。ロボットと話をすればいいから[*19]」と思うのではないかと心配する人びともいる。

ケンタウロス

人とロボットの協調関係のなかには、人とロボットが互いに高め合うものもあるが、パートナーどうしで労働をほぼ半分ずつに分けるのは、見込みはあるものの複雑で達成しにくい。このようなパートナー関係の見通しは学術文献でよくまとめられている。南カリフォルニア大学のロボット研究者ジョージ・ベーキーは2005年にこう書いた。「単純な作業と複雑な作業の両方でのロボットと人の協力が自然であるような、人とロボットの共生を我われは予期している[20]」。その後、MITのエリック・ブリニョルフソンとアンドリュー・マカフィーが、「第2の機械時代は、無数の機械知能と相互接続された何十億もの脳が共同して、人間世界をより良く理解し改善することを特徴とするだろう」と予測した。[21]

この種のパートナー関係を理解するには、「コンピューターか人間か、どちらが上手だろう」と考えるといい。短い答えはもちろん、作業による、だ。コンピューターは今や、疑いもなく名人級の人間よりチェスが強く、IBMのワトソンがクイズ番組『ジェパディ！』の最優秀者に勝って世間の注目を浴びたできごとは、人工知能が言語的に豊かな雑学コンテストでもうまくできることを示している。

次は何か？ 2015年の初めに世界のポーカープレイヤー10傑のうち4人がカーネギーメロン大学のコンピューターとマラソン試合をした。賭けのルールでノーリミットのテキサス・ホールデム・ポーカーが複雑なため、結果が「ジェパディ！」の大敗のようではなかったことに研究者はあまり驚かなかったが、統計上の互角には大喜びした。各プレーヤーが2万ゲームを戦い、合計1億7千万ドル分のチップを2週間の競技会で賭けた。コンピューターが1万9千ドルを賭けて700ドルのポットを取ったりしたものの、結局人間側が百万ドル弱勝った。[*22]

これで「どっちが上手？」への「長い」答えがわかってきた。両者のチームだ。「ケンタウロス」という言葉が、チームのどちらのメンバーも最善を尽くす人間とロボットのチームを絶妙に言い表している。人間とロボットのチームが人間かロボットだけをしのぐのを見てきた。ここに、広く知られているよりも速く進歩している4分野を紹介する。

1 アウディがスタンフォード大学の自動走行車研究所とチームを組んで、クラブレベルの人間ドライバーに時間で勝てるレースカーを開発した。1体1のレースではなかったため、人間だけのドライバーと競争することによるアドレナリンもレース戦術も作用しなかった。アウディは単純に、あらかじめプログラムされた道筋と設定値に従ってコースを回る。しかし実際に誰かと競争して勝ったことはない。[*23] ケンタウロスのモデルはこの点で、よくできている。安定制御とアンチロックブレーキ、高機能の全輪駆動制御システムのすべてがデジタル処理で人間ドライバーの技能を増強する。ビンテージモデル以外では、ケンタウロス仕様ではない車を見つけるのは難しい。

2　インターネットには画像が山ほどあって、なかにはまことに美しいものがある。ヤフーラボとバルセロナ大学の研究者が、画像のデータベースを広範囲に探して、トレーニングと人間の「投票」の結果を用いて美しいのに正当に評価されていない画像をみつけるアルゴリズムを教えてきた。[*24] エコノミスト誌に書いてあったように、機械学習の分野そのものが急速に改善されており、それはひとつには大量データと事実上無制限のコンピューティング資源をもつ巨大ウェブビジネスによって開発された「ディープラーニング」による。グーグルとフェイスブックが有名だが、中国のウェブサービス会社バイドゥ（百度）がＡＩ・人間・ロボットのチームワークの分野にあとから参入し、頭角を現している。[*25]

3　ディープ・ブルーがガルリ・カスパロフを負かしてから、チェスは以前とは決して同じではない。ソフトウェアのバグによってカスパロフが、ディープ・ブルーがどういうわけかばかな動きをしたのではなく彼よりかなり賢いと推測したのが一因だった。[*26] しかし2013年頃から、平均的プレーヤーと優れたソフトウェアからなるケンタウロスチームが、人間の名人とコンピューターの両方に勝つことができている。この種の対戦で、「ケンタウロス」という言葉が初めて根を下ろした。[*27]

4 外骨格型（衣服型）のロボットはハリウッドのSF映画でよく見られるが、人間の体をすっぽり包んで能力を増強させるロボットが、左記のようにさまざまな領域で使われるようになっている。

●脳卒中の患者や切断患者、麻痺患者のリハビリテーション。
●兵士があまり疲れずに長く行進やランニングができるようにする（DARPA）、また健康で丈夫な人びとが（軍隊などで）たとえば持ち上げる力を強くする身体増強。
●ロボット支援手術。ダ・ヴィンチ外科手術システムは特化された一種の外骨格型で、医師の指による施術の延長として術野で精密な動きをする。

衣服型外骨格ロボットの設計者が直面するひとつの大きな難題は、動力源を人の大きさに合わせて軽くすることだ。倉庫では、フォークリフトの重さはふつう、運ぶ物の重さの

1・6ないし2倍にする。150ポンド（68キログラム）の人が200ポンド（90キログラム）の物を運ぼうとする場合、右記の比率で人間の外骨格型ロボットが荷を積んでいない状態で約650ポンド（300キログラム）だから、フルに積んだ場合の全体の重さは約千ポンド（2分の1トン、もしくは約450キログラム）になる。総重量を軽くするには、バッテリーを軽くするのがいちばん速い。バッテリーと、バッテリーを支えられるだけ頑丈なフレームを運ぶためだけに、大層なバッテリー電源が消費される。

ロボット研究者とコンピューター科学者がケンタウロスのサイバー面を、予測できない表現がされかねない人間の長所周辺を最適化しつつ、どのように設計するかを注視する必要がある。同じように、人間作業の一部を機械に任せるよう、またケンタウロスの関係を考えすぎないように人間を教育することも、状況によっては厄介かもしれない。ほかの点（たとえば現在の車の牽引制御）では、人間はすでに増強され、しかもそれに気づいてすらいない。とはいえ実験的な場ではっきりと聞かれれば、人は機械の判断を信頼するのをためらう。[*28]

同時に、ケンタウロスは無限に繰り出される人間の愚かさとアルゴリズムの賢さの限界の両方に対応しなければならないだろう。中央分離帯のある幹線道路で間違った方向に向かっている飲酒運転者に遭遇したら、自動運転車はどうするだろう。また、プログラムされたトレーディングロボットが、巧妙なデイトレーダーの仕手に不安定な予測できない反応をしたら、ウォールストリートはどうするだろう。2010年の「フラッシュクラッシュ（瞬間暴落）」はどうやら、イギリスのある人物が相当な注文を、アルゴリズムによってではなく手動で仕掛けたのが発端らしい。それがブラックボックスシステムの突飛な行動を引き起こし、市場全体を混乱させた（ちなみに、その仕手はうまくいったらしく、例のディトレーダーは4年間で4千万ドル稼いだ[*29]）。ここでのポイントは、愚かな、または巧妙な人間と誤りを犯しがちなコンピューター制御物体の予期しない相互作用が、今後数十年の最もややこしい分野になるだろうということだ。

こじらせ要因

人間の能力を無生物から創り出そうとする昔の取り組みにルーツを求めるには、21世紀のロボット学をフランケンシュタインの怪物から工作機械まで、すべての文脈のなかで理解しなければならない。この豊かで複雑な遺産がありながら、ロボットと人間がどのように協働できるか、またできたかを明確に理解するのは、依然として不可能だ。もっとも、さまざまな学問分野の先駆的な研究で、有望な方向は見えてきている。

別の種類の道具と違って人びとのなかで動くコンピューターは、純粋な機械装置とは多分に異なる問題を提起する。興味深い2つの現象を紹介する。

不気味さ

「不気味の谷」とは、実物そっくりだが人に不快感を与えるコンピューターアニメーションとロボットのことをいう。前者の典型例は、それほどそっくりではないが時代を超えて人を引きつける、低解像度で手描きのディズニーアニメとまったく対照的な、映画『ポーラー・エクスプレス』でトム・ハンクスを模した車掌役のデジタルアニメーションだ。以前大きい画素数と、ハンクスの動きをデジタル化するのに使われた身体運動取込装置にもかかわらず、眼筋などの顔の動きとアニメーションの微妙な違いは観客を当惑させた。以前のコンピューターアニメーションと違って、技術力の向上が登場人物の魅力の増大に変換されなかったのだ。

ロボットにも同じことが言える。実物に似すぎている皮膚のポリマーや顔の動きは人間に不快感を起こさせることがある。というのは、はっきりそれとわかるが完全には理解されないからだ。これを考慮して、２０１４年に発売された「家族ロボット」ジーボは、研究所で実験された前身、キズメットと比べて、ちっとも人間に似ていない（図８・２、ＡとＢ参照）。

（A）

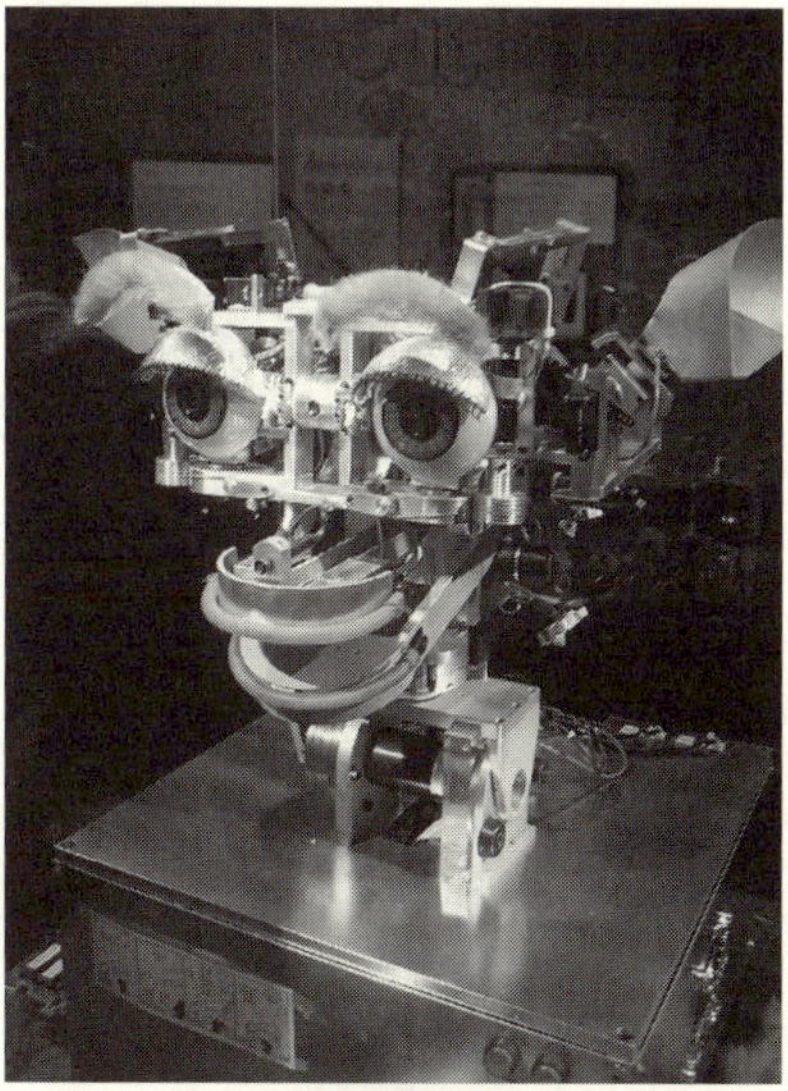

（B）

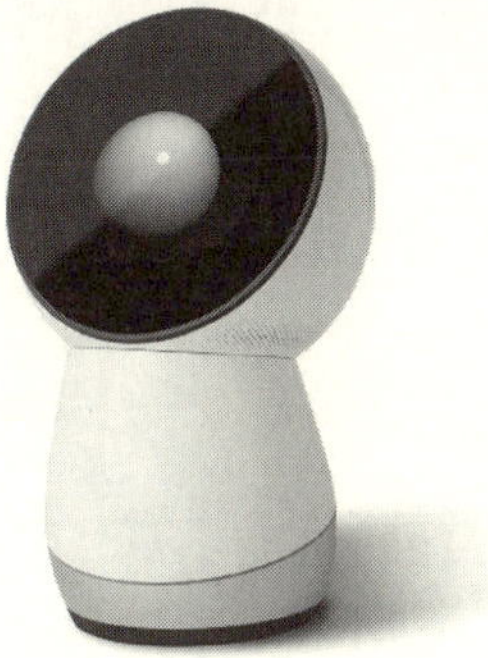

図8.2 （A） ＭＩＴで開発された人型ロボット、キズメット （B） 販売されているソーシャルロボット、ジーボ。

擬人化の効果

コンピューターが箱から出て移動ロボットに入る前から、人は驚くべき方法で無生物と交流していた。この点での古典はバイロン・リーヴスとクリフォード・ナスの、ＰＣへの人間の応答をコツコツと測った作品だ。リーヴスとナスは、人は貧富にかかわらず老若男女、早くも１９８０年代から人間の特質（知性、知識、記憶と性格）をロボットに当たり前のように与えてきて、それを「ワイヤー、シリコン、機械継ぎ手、コンピューターコードの集合体」に適用するとき、性格づけに異議申し立てをしなければならないとは誰も思わなかったのに気づいた。[*30]

ＭＩＴの心理学者シェリー・タークルは、人間と機械の曖昧な境界線を探求している人工知能やロボット学などの研究者と密接に連絡を取って研究している。彼女は以前から、モバイルコンピューティング、ソーシャルネットワーキングなどのデジタルテクノロジーが人びとを孤立させ、ことによると人間の感情の風景を損ないかねないと、雄弁に批判してきた。[*31] 要するに、彼女は科学技術の宣伝係とは程遠い。それにもかかわらず、彼女が１９９０年代に研究室でキズメットの仲間のロボット「コグ」と一緒にいたとき、彼女自身の態度が変わった。

コグの部屋に入ると、コグが私に「気づいた」。私を目で追っていて、私は嬉しくなったのに気づいて当惑した。私は自分がコグの関心を得ようと、もうひとりの訪問者と競っているのを発見した。一瞬、私はコグと「目が合った」と確信した。コグの部屋に入ったことで私は動揺した――コグができたことによってではなく、「彼」に対する私の反応のせいで…私としたことが、この研究プロジェクトにずっと疑念を抱いていながら、別の者がいるかのように振る舞ったのだ。[*32]

人間の特質を無生物に当てはめたのはタークルだけではない。イラクとアフガニスタンで、アイロボット社の戦場ロボットは簡易爆発装置（ＩＥＤ）を探して不活化するとき、兵士たちを無害な場所に退避させるのを助けて人間の命を救った。爆発によって損傷を受けたロボット装置は、ボストン郊外にあるアイロボット社の施設に送り返さなければならないことがある。２００６年のニュース記事によれば、「ＥＯＤ（爆発物処理）担当者はこの装置を日常的に使っており、装置にあだ名や個性を与えているという。『スクービー・ドゥー』というあだ名の装置は爆破装置１台の安全化に成功するたびに、カメラヘッドにチェックマークをつけてもらった」。スクービー・ドゥーが壊れたとき、「操作者は…ロボットを修理工場に送り返すとき、まるでけがを負った子どもであるかのように腕に抱いて、直るかどうか聞いた」とニュースは書いていた。[*33]

ウォールストリート・ジャーナルも同じ行動を2012年に報じた。部隊がときに戦場ロボットに愛着をもつようになることに気づいたロボット学博士号をもつ将校が、こう述べた。「兵士と水兵がときどきロボットに名前をつけ、地雷や爆破装置をうまくみつけると戦地『昇進』さえさせている」。ロボットが損傷すると、「代わりのではなく同じロボットを返してほしいと言い張る部隊がある」。アイロボット社の広報担当者から同じような話を聞いているし、P・W・シンガーは著書『Wired for War（ロボット兵士の戦争）』にその話を書いている。[*34]

関連する例は芸能界からも出ている。1980年代にテレビドラマ『ナイトライダー』で、若い俳優デビッド・ハッセルホフと話ができるポンティアック・トランザム「KITT」が活躍した。この車がのちにユニバーサルスタジオのテーマパークに登場したとき、車が昔のメカニカル・タルクと同じように客に話しかけるのを目当てに、人びとが長蛇の列をつくって車に乗り込んだ。じつは、リモートマイクロフォンの先に人間がいた。

社会的役割

2011年にカーネギーメロン大学ロボット研究所で行われた先駆的研究で、オフィスでおやつを配達するロボットが登場し、続いてこのスナックボットの活動と物腰に対する人間の反応を記録した。参加者がウェブインターフェース経由でおやつを注文する。高さ約5フィート（1・5メートル）の車輪つきロボットには「頭」に感情を表すディスプレーと、あらかじめプログラムされた挨拶、ちょっとしたおしゃべり、おやつについてのやりとりと、社交的な別れの挨拶を話す音声合成器がある。

人間の参加者は「おやつを置いていく配達用カート」と最小限のやりとりをするものと予想されていたのだが、彼らの反応の進化は興味深かった。擬人化がふつうの反応だった。ロボットがドアを壊したり閉まっているドアに話しかけたりしたら、人はロボットをかわいそうに思った。このロボットの中立的な性格は一部の人にとって魅力的で、「彼」は2週間以内に職場の一員として受け入れられた。スナックボットとの付き合いの規範ができてきた。機械扱いから人間の標準的な礼儀（ロボットが話しているときに遮らないなど）に変わった。あるときは社員が同僚に「きみが行ってしまうとスナックボットが淋しがるんだよ」と言っていた。またあるときは、ボットが同僚の働きぶりや健全なおやつの選択を褒めるのを聞いた社員が嫉妬した。スナックボットは発話や動きのパターンから、何人かの社員に「恋心」を抱いたと思われた。

研究者たちは人間たちのロボットへの反応をはるかに超える「波及効果」を見た。人びとは「礼儀、ロボットの保護、まね、社会的比較、さらには嫉妬」まで見せた。スナックボットの存在によって人びとの互いのつき合いが、予想外に変わった。[*35] 低機能のおやつ配達機がこのような影響を人間に与えることができるなら、ずっと有能なロボットだったら将来、人間にどれだけ大きな影響を及ぼすだろうか。そして管理者や研究者などは、その影響をどれくらい監視・調節できるだろうか。

研究所や戦場、テーマパークや居間のどこであっても、人は無意識に、そして常に、電子的物体と機械的物体に心理学的に重要なあり方で反応している。だが何に反応しているのだろう。ロボットは意識をもつことができると主張するSF作家とロボット研究家の中核的グループがある。以前MITにいたロドニー・ブルックスが「私の考えでは我われは機械であり、そこから、原理上、本物の感情と意識をもつ機械をシリコンと鋼鉄でつくるのが不可能である理由はないと結論づける」と書いているが、それは決して彼だけの考えではない。[*36] レイ・カーツワイルと同じくブルックスも、「人工的」および「自然の」サブシステムの混合が続けば、混成の生命体が生まれるだろうし、「我われとロボットの区別も消えるだろう」と説いている。[*37] その日は決して来ないかもしれないが、人間はどうしてロボットのようなものに、これほど強い感情で反応するのか、という疑問は残る。

第9章　明日のロボット

それがどんな姿をしていようとも、コンピューター処理は変化している。コンピューター処理は人間の認知――人間自身の認知と人間を観察し分析する者の認知を増強するから、この変化は重要な結果をもたらす。人はその行動以上に、はるかに多く考えることと言うことによって自身を定義するから、現在のロボット学は人間のアイデンティティの定義と断定に近づいている。同時に、コンピューター処理能力を備えて物質界に住む機械は、人間のもの、あるいは人間に起因するものと解釈される特質を獲得しつつある。コンピューター処理の次の4つの大幅な変化は、人に新たな態様で影響を与える。

形態

装着型であろうと人型ロボット、自己複製する3Dプリンター、またはロボット車両であろうと、人がコンピューターと考えるものは絶えず変わり続けてきて、ベージュ色の箱に入っていた以前の姿は、はるか遠くの思い出のように思われる。

スケール

1990年代に、IBMのCEOトーマス・ワトソンが言ったということになっている、「4～5台のコンピューターのためにあるのは世界市場だけだと思う」という言葉が引き合いに出されると、クスクス笑いが広がったものだった。グーグルとアマゾンが地球規模のデータセンターのネットワークを打ち立てた今、この言葉には真実味がある。アップルのシリ（Ｓｉｒｉ）を使っている、ネットフリックスの映画を観ている、グーグルマップを見て進んでいる、ウェブベースの電子メールを読んでいる、あるいはフェイスブックにアクセスしているとき、パソコン中心の古いアプリ世界、ネットワーク、プロセッサーなどが、日に日に日常の現実に合わなくなっているのを感じる。今後数年のうちに、世界的なグリッドコンピューティングを物理的に体現したロボット装置のアイデアが、より身近になってくるだろう。

身近な存在

「パーソナル」コンピューターは机上にあって、しばしば「ロック」とケーブルで保護されていた。スマートフォンはさらに近く、ポケットやハンドバッグの中やナイトテーブルの上にあった。だが今やコンピューターは靴の中やめがね、人工器官、さらには神経終末にまで埋め込むことができる。人間とシリコン製コンピュータープラットフォームの交じり合いが進むにつれて面白いことが起きるだろうが、それには憂慮すべきものもあれば喜ばしいものもある。

広がり

数字の扱いと大砲の軌道計算からワープロ、音楽制作、そして今では人工知能まで、コンピューター処理は大きな進歩を遂げ、人類を定義するところまで近づいてきた。こうした変化が蔓延し、また大きいため、人が何を高く評価するのか、またコンピューター処理が人間の活動と信念にどう影響するかを分析することが重要だ。

過去に馬の力と対比していた蒸気動力や自動車の動力と違って、人工知能がどれくらい人間の認知力に近づいているか、または増大しているかを比べる方法はない。180馬力の車を300馬力の別の車と比べるのは簡単だが、クラウドコンピューティングや進歩したスポーツ測定、株式市場のアルゴリズムによる取引システム、さらにはわかりやすい音声認識スマホアプリの相対的強さ、力、または大きさは、どうやって把握したらいいのだろう。シリ（Ｓｉｒｉ）３・０がデビューするとき、それの性能がどれだけ「向上した」とアップルは言うのだろう？

我われを人間たらしめているものの一部を行うことにコンピューター処理がどんどん近づいてきている現在、明確な物差しがないのを考えることが重要だ。そのコンピューター処理力が自由に人間の物理的存在に入り込んで評価するようになるにつれて、現実の知的な会話の必要性がさらに大きくなる。今やコンピューターが人間のようなことを人間の場所で、人間と共にしている。しかし、ロボットが何をしているかとか、今年のモデルは、たとえば２０１０年のものと比べてどれだけよくやっているかを描写する言葉がない。

大きく分けて５つの具体的問題が発生している。それらの問題を組み合わせると、人間のアイデンティティ、行為主体性および人間の権利と責任に関わる重要な疑問になる。「はじめに」で述べたように、これらの疑問にはコンピューター科学者やエンジニアだけでなく、多くの人びとが取り組む必要がある。

１―ビッグデータとその洞察力および錯覚

物質界をデータモデルに変換するには大量のコンピューター処理が必要で、記憶容量は言うまでもない。ロボットと自動運転車が実用的である理由のひとつは、センサーとアルゴリズム、処理能力をナビゲーションの作業に関わらせることができる点にある。一方、非ロボットのセンサーでは、監視カメラが大量の情報（ほとんどが、人間が見たあとでなければ役に立たない）を発生するので評判が悪く、機械から発生するピッピとかチャーとかいう音や、ほかの信号が積もり積もって、人が情報過多にうんざりする——少なくとも、信号処理とそれによる解釈が向上するまでは。これらの分野がどれだけ発達しても、ロボット学は当分の間、さまざまに定義される「ビッグデータ」の神話と技術的進歩に結びついていることだろう。

2 資本対労働の新たな役割（仕事、報酬、富）

エリック・ブリニョルフソンとアンドリュー・マカフィーが共著書『The Second Machine Age（第2の機械時代）』で論じたように、べき法則が結合されたシステムの多くの面を特徴づける。[*1] たとえば経済では、最富裕層がより豊かになってより力を得、最も技能のない者がより貧しくなり、より過小評価されるようになる。経済のはしごの最下段から最上段に昇る道が年ごとに少なくなり、多くの国で世代間の社会的流動性が弱まっている。[*2] この進行する両極化、そしてそこでコンピューター処理が演じる役割が、グーグルがロボット技術に莫大な投資をしていることの説明になるかもしれない。ソーシャルネットワーキングをフェイスブック（「次のグーグル」）に譲ったグーグルは今、車内か顔（グラス）、壁面（ネスト社）、工場内（フォックスコンとの共同事業）、極端なシナリオ（ボストン・ダイナミクス社）においてかにかかわらず、物理的コンピューター処理関連の主要特許と市場を所有することを望んでいる。

3｜プライバシー

ロボットは人間たちのなかで感じて動くとき、大量のデータを収集するだろう。きわめて個人的なもの（たとえば指紋）も含む何千万人もの情報を公にした多くのデータ漏洩に見られるように、個人のプライバシーの侵害範囲は毎年、拡大している。ロボットの能力のひとつだけをとっても、顔認識はフェイスブックなどで人が承認できるものではない。しかしグーグル・グラスのオートメーション、マシンビジョン、どんどん増えるカメラなどのセンサーをもってすれば、知らないうちに人の顔を大量のデータベースにハイパーリンクすることは、すぐにも起こりうる。

4｜オートマトン、増強、アイデンティティ

増強された人間をどう呼ぶのだろう。スティーヴン・ホーキングの場合は「天才」でた

いてい間に合う。もっとも、ロボット性の車いすと音声合成器を使っているホーキングは、サイボーグという定義にかなりぴったり当てはまる。

運動競技で増強された人の交通規則はどうなるのか。大学進学適性試験の監督官は、注意欠陥多動性障害（ＡＤＨＤ）ではない受験生がリタリンを飲んだかどうか調べるだろうか？　人事の試験官は「人間＋」の求職者をどう評価する？

究極の機械側から見て、ときには不気味なほどに人間の能力をまねることができる機械をなんと呼ぶのか。アラン・チューリングは１９５０年にひとつのアイデアをもっていた。その後、多くの呼び名が提案されている。[*3]

２者間の区別は例外によって、すぐに行き詰まるだろう。現在の単純すぎる類型論がうまくいかなくなるのも当然だ。[*4]コンピューター処理で見積もることができる人間の能力（たとえば駄じゃれとなぞなぞの理解など）がどんどん増えていく。一方で、ボストン・ダイナミクス社の脚つきロボットの進展でわかるように、コンピューターは哺乳動物の形態を次々に装っていく。最低限、「人間とは何か」と「人間はなぜ特別なのか」という問題は、すぐにでもより解決の難しい領域に入るだろう。人間とロボットの結婚を提案した記事さえ、２０１５年にあった。[*5]

5 人間は自分たちが理解したり制御したりできないシステムと、「ヒューマンスケール（人体尺度）」と呼ばれていた矮小形をつくることができる。

この傾向の最も鮮明な例はおそらく、2010年の「フラッシュクラッシュ」だろう。この暴落でダウ平均株価がほんの20分間で600ポイント下がり、その後回復した。オートメーション化された取引システムと、イギリスの巧妙なデイトレーダーの仕掛けに対する過剰反応が当初、過剰な売買注文を生み、その後に引いたことが、一時的に市場の流動性を損なったと広く信じられている。[*6] ニューヨーク証券取引所の総額の9パーセントが、手動で出されたいたずら注文へのオートメーション化された反応によって、金融システムに本来備わっているあらゆる安全策にもかかわらず失われることがあるとしたら、何百万個のセンサーが同様の異常な行為をする可能性はあるだろうか？　この規模でストレステストは容易にはできないし、独立しているが相互運用されているシステムの相互作用を論理的に予測することもできない。ロボットの所有者やメーカーの権利と責任とは、なんだろう？

さらに、人間がますます機械に頼って認知の責任を放棄するにつれて、重要なことのやり方を忘れる。2009年にリオデジャネイロ発パリ行きのエールフランス447便が墜落した事故を分析すると、オートメーション化によって人間の技能が衰えたのではないか

人間がますます機械に頼って
認知の責任を放棄するにつれて、
重要なことのやり方を忘れる。

という重要な疑問が持ち上がる。何千時間ものフライトの経験がありながら、数人の搭乗員に、その航空機を実際に操縦した経験がほとんどなく、困難な状況ではなおさらだった。[*7]米国海軍兵学校は1997年に天測航行をカリキュラムから外した。はるかに精度の高いGPSがあるからだったが、六分儀の使用法をまだ士官候補生に教えている（さすがにメモ帳と紙はもう使わない）。[*8]ポケット電卓は、分数の足し算や引き算のやり方を知らない世代の高校生には時代遅れだった可能性が高いが、小数の計算にはほとんど用がない大工や商人には分数計算は必要だった。そこへ、デジタルツールが思わぬ結果をもたらした。

ここで、3つの疑問が頭に浮かぶ。人間が得意なのは何か。コンピューターが得意なのは何か。そして、人間とコンピューターの協力関係はこの先何年かで、どう変わるのだろう?

心と体

さて、2030年代の初めには約10^{26}ないし10^{29}cps（世界規模で1秒間の計算回数）で毎年、非生物による計算をしていることだろう。これは、すべての人間の知能にほぼ相当する。しかし、2030年代初めのこの計算状態はシンギュラリティ（特異点）を意味するものではない。というのは、これはまだ、人間の知能の徹底的な拡大に対応するものではないからである。とはいえ2040年代なかばには、千ドル分の計算が10^{26}cpsに相当し、したがって（約1012ドルの総経費で）年間に創成される知能は現在の全人類の知能の約10億倍になるだろう。それはじつに重大な変化で、それゆえに私はシンギュラリティ、つまり人間の能力が大きく破壊的に変容する時期を2045年と見積もる――レイ・カーツワイル著『The Singularity Is Near（シンギュラリティは近い）[*9]』。

カーツワイルのシンギュラリティ仮説――機械の認知能力が人間の能力を上回って重大な結果をもたらすという説――にはまだ賛否両論がある。実際、カーツワイルが今も、世界有数のロボット会社であるグーグルの上級管理者であるという事実が、重大な疑問をいくつか浮かび上がらせる。[*10]カーツワイルの考えに対して最もよく知られる批判をしたのはおそらく、ピューリッツァー賞を受賞した『Godel, Escher, Bach（ゲーデル、エッシャー、バッハ）』の著者ダグラス・ホフスタッターだろう。2007年のインタビューでホフスタッターは、多くの人が当時感じていたと思われることを、かいつまんで次のように言った。「レイ・カーツワイルの本とハンス・モラヴェックの本を読んで感じるのは、まともなアイデアとクレイジーなアイデアの異様このうえない混合物だということだ。まるで、たくさんのすこぶる美味な食べ物と犬の排泄物をぐちゃぐちゃに混ぜて、うまいかまずいかわからないようにしたもののようだ。ごみと良いアイデアがしっかり混ぜ合わされていて、両方とも頭は切れるから引き離すのはとても難しい。ばかじゃないからね」。[*11]

人間の認知を比較的単純な過程を通じて、シリコンで複製してそれを上回ることができるというのがカーツワイルのモデルだが、アントニオ・ダマシオの名著『Descartes' Error（デカルトの誤り）』はそれに代わる説得力のある説を提示している。ダマシオはデカルトの心と体の分離――警句「我思う、故に我あり」で表現され、カーツワイルの論理全体の中心になっている――を受け入れず、思考と肉体を再結合している。この認知神経科学者は、人類が過去の進化を生き残り、人類であり続けていることができるのは、感情、そして心と体の曖昧模糊とした接合のおかげだと、根拠を示して言明している。コンピューターの計算を、人間の知能と等しく、さらに超えるものだという話はすべて、この基本的現実を無視している。コンピューターが笑い、泣き、歌い、冷や汗をかくなど、心と体を一体化できるようになるまで、奴らは人間を人間たらしめているものを「超える」ことはできない。というか、ダマシオはこう説明している。「心が体の中にあると言っているのではない。体は生命維持と調節作用以上に脳に貢献していると言っているのだ。体は正常な心の働きの本質的な部分に寄与している」。[*12]

この話についていくのに、神経科学者である必要はない。人の感情にはしばしば、手のひらが汗でベタベタする、背筋がぞくぞくする、脈や呼吸が速まるなどの身体的要素が伴う。脳に似た中央処理装置では絶対にこうした現象は説明できないし、スポーツ選手の筋肉記憶や音楽家の絶対音感は言うまでもない。そうは言っても、アルゴリズムと処理能力、情報蓄積、ネットワーキングなどによって非人間の認知力は絶対的に向上している。人工知能・ロボット学はこのような具現化された知能を、これから発明される装置にどんなふうに取り入れていくのだろうか？ ＡＩは手強い問題を突きつけるが、それはたぶん、カーツワイルが持ち出すものではない。

「はじめに」でグーグルプラスとＭＩＤＩについて指摘したように、テクニカルデフォルトは長命だし影響も幅広い。実際、この種のデフォルトの力をふたりの研究者が証明している。それによると、（先に承諾する）オプトイン臓器提供システムをとっている国（たとえば米国）のほうが、（あとで選択する）オプトアウトシステムをとっている国より移植できる臓器がずっと少なかった。[*13] 今、ロボット学についてこの種のデフォルトを決める時点に近づいている。その設定は人間の重要な特質とプロセスに影響する。

ロボットはたぶん最もよく考えられた道具だと、ロボット学の分野が確立したときアシモフがやや皮肉っぽく述べた（彼のはるかに影響力のあったフィクションには、別のニュアンスがあった）。人間と道具は共進化する。[*14] ロボットが意味する多くのことになじんで、人間の存在を貧弱にするのではなく向上させることができる人間とロボットのコラボレーションを設計でき次第、ロボットに対する人間の位置を、自意識をもって決めることができるようになる。そして、そういう自己認識が映画の悪役や文学的な比喩的表現、経済の省略表現のようなものではなく明確な表現につながるにしたがって、この新段階の革新的科学技術に神秘性や混乱が結びつけられることは少なくなるだろう。

人類は常に道具をつくってきて、道具は常に意図しない結果をもたらしてきた。その結果は都市の発生、人間の寿命の伸び、核兵器の製造など、以前はかなりのものだった。次の変化の波が仕事や介護や戦争——あるいは見ることや歩くことまで——の意味を再設定する前に、ロボットという機械と比べて人間とは何か、またロボットとのつき合いから何を期待しているのかを、率直に話すべき時だ。

訳者あとがき

ロボットとロボット学を、これほど多方面から見た本が、ほかにあるだろうか。

この中身の濃い本を要約するのは不可能であり、ほとんど無意味な所業だが、それでは話が進まないので、超特急で垣間見ていただく。まず、概論としてアシモフのロボット三原則や、なかなか合意に至らない、しかも急速に変化するロボットのさまざまな定義を紹介し、次に昔の原始的ロボット、というよりインチキなロボットもどき（人間が中に隠れていたチェスの達人や、動物のように振る舞う機械のアヒルなど）について説明する。そこから架空のロボットの話になる。というのも、ロボットは学問的研究より先にSF文学や映画などでもてはやされた稀有な存在だから、架空のロボットを無視できないのだ。そこではフランケンシュタインの怪物からC3PO、R2D2などのさまざまな架空のロボットが紹介され、鉄腕アトムも登場する。次に、なじみのものも多い現代のロボットを紹介したあと、自動走行車、ロボットの軍事利用へと続く。それからロボットが経済に及ぼす影響を考え、人間とロボットのつき合い方と将来のロボット像で締めくくる。

つまりロボットの概念論からSFの話、現在の機械工学とIT、自動車、軍事、経済、最後にやや哲学的な話と幅広い。ちなみに、ロボットの頭脳の部分である人工知能については、一足先に刊行された『機械学習――新たな人工頭脳』（エテム・アルペイディン著、久村典子訳、日本評論社刊）に詳しい。

原著者ジョン・ジョーダン氏はペンシルベニア州立大学スミール・カレッジ・オブ・ビジネスの客員教授としてＩＴ戦略、エネルギー工学、生産工学などを教えるかたわら、テクニカルアナリスト（株価動向を分析する専門家）でもあり、守備範囲が広い。道理で株価乱高下のエピソードも経済の章に登場した。このようにジョーダン氏は博識であられるのだが、英米のノンフィクションの著者はよく、多くの人に原稿を読んでもらって、「こんな話もあるよ」「あれも書いたら？」という助言を取り入れる。おかげで、いろいろな意味で本の厚みが増すのだが、本書もどうやらその道を辿ったようである。

コンピューター科学がチェスを研究対象にしたように、ロボット学はロボットによるサッカー・ワールドカップ（ロボカップ）を、自律ロボットによるチーム行動の物差しにしてきたという。１９９７年に始まったロボット・サッカーワールドカップが、人工知能と関連分野の研究の成果発表の場になっている。最終目標は、「２０５０年までに、完全に自律した人型ロボット（ヒューマノイド）のサッカー選手チームがＦＩＦＡ（国際サッカー連盟）の公式ルールに従った試合で、最新のワールドカップ覇者に勝つこと」だとか。それができるのなら、長生きして見てみたいものだ。ロボカップの優勝チームと人間のＷ杯優勝チームが戦うということだが、課題が多数ある。まず、人間と接触しても互いに故障しない、適度に柔らかい素材でつくる必要がある。それから、ゴールキーパーの身長が2メートルを大幅に超えるようでは不公平だが、ＧＫとその他の選手の体格をどのように規定するのか。二足歩行で素早く動き、力強く蹴ることもできるようになっているとのことだが、ジャンプはどうするのだろう。バネなど使ってもらっては困る。いくら動いても疲れないのでは不公平だが、単純なエネルギー切れではなく運動量に応じて乳酸のような疲労物質を貯めるようにしてほしい、などいろいろもめそうだ。自律というからには監督もロボットなのか。フォワードやディフェンダー向きの「性格」をつくるのか、など興味は尽きない。本文ではほんの数行だった話に過剰反応して申し訳ないが、この話は意外にロボット開発の本質を突いていると思う。

ところで、もしも私に、好きなロボットを1体あげると言われたら、執事ロボットでいいです。もちろん執事であるからには、「お嬢様」にメンテナンスの手間をかけさせるなどはもってのほかで、自分の面倒は自分でみなければならない。しかし、電源管理、故障時の修理などをすべて、自分で、またはロボットの仲間内で完璧にできるようになったら、それはシンギュラリティではないのか。そのとき、執事が突然ふんぞり返って、「もう執事は廃業だ、今度はおまえがメイドになれ。今まで、よくもこき使ってくれたな、オジョウサマ」と言ったりするのだろうか。この歳でメイドが務まるとは思えないが。いやいや、こんな冗談を言ってはいけない。「ロボットと人間が密に生き、働くことによって人間のありように重大な変化が起こるであろう。しかしロボットはただの奴隷か、ひょっとして君主になるのではなく、人類の相棒になるだろう」、というのが著者の真意なのだから。

前述のように分野が多岐にわたったため訳が雑になって校正で大幅に直す必要が生じ、日本評論社の佐藤大器氏にたいそうお手数をかけた。とくに訳者の不得意な分野では、氏の助言に負うところが大きかった。お詫びとお礼を申し上げる。

2017年9月　久村典子

用語解説

■AI（人工知能）
人間の認知のコンピューターによる再現の全般、または限られた領域を扱うコンピューター科学の一分枝。マシンビジョンと機械学習（音声認識を含む）が、ロボット学に関係するAIの亜分野である。

■AGV（無人搬送車）
施設において、あらかじめプログラムされた経路に従って、しばしば補給品の配送に使われる、そりまたはトラックに似た無人の車両。AGVはロボット車両と違って、自律もしていなければリモートコントロールもできない。

■DARPA（国防高等研究計画局）
軍が使う最新技術の開発を担当する米国国防総省の一局。DARPAは自動走行車とロボットの研究を積極的に支援してきた。

■UAV（無人航空機）
米国の軍隊が偵察と軍需品配達のために使う、遠隔操縦される航空機。ふつうは「小型無人機（ドローン）」と呼ばれる。

■アンドロイド
伝統的に、「人間に似たオートマトン」（『オックスフォード英語辞典』）。

■ビッグデータ
その大きさが従来のデータ処理能力を超えるデータの集合。それぞれセンサー一式をもつ多くのロボットが生み出すデータの量が大きいため、ビッグデータを管理・分析するツールがしばしば利用される。

■経路依存性
テクノロジーの領域で、現在の選択肢が過去の決定に制約されているという考え。鉄道の軌間、タイプライターの文字配置、ワープロソフトなどが、優れたイノベーションが市場で勝つのを経路依存性が妨げていると思われる一般的な例である。

■サイボーグ
人工および有機的な制御システムを統合した存在。ロボット学においてサイボーグはふつう、コンピューターかロボットの能力を加えることで向上させた増強人間をいう。

■センサー
ロボットの空間的および操作上の居場所、すなわちロボットが行くべき所、避けるべき物に対するロボットの位置と、温度と湿度などの操作上の必要項目を知るための感知装置。

■人間とロボットのかかわり（HRI）
とくに人間たちのなかにいる自律ロボットに対する人間の反応について、研究があまり行われていないロボット学の一分野。

■ムーアの法則
インテルの共同設立者ゴードン・ムーアの、集積回路上のトランジスターの数、したがって全体的処理能力も、ほぼ2年ごとに倍増するという1965年の見解（実際、50年以上そうなっている）。ロボットの多くの作業が計算集約型のため、プロセッサーの能力が増大すると作業がやりやすくなり、費用効率もよくなる。

■ライダー
対象物をレーザーで照らし

て、反射光を分析することによって距離を測る遠隔検知技術。ライダーは第1世代のグーグル自動運転車に必須の部品だった。

■ロボット

ロボット研究の先駆者ジョージ・ベーキーによれば、ロボットは「感じ、考え、行動する機械。そのためロボットにはセンサーと認知のいくつかの面をまねる処理能力、そして作動装置がなければならない」。文化的に言うと、ロボットは人間のような能力を見せる機械的存在の傾向がある。

■ロボット(エ)学(ロボティクス)

研究、設計を組み合わせてロボットをつくる学問分野。ロボット学は最前線のコンピューター科学とともに、材料科学、心理学、統計学、数学、物理学と工学も利用する。この用語はSF作家アイザック・アシモフの1940年代の造語。

teach-stars/ 参照。

9. Kurzweil, *The Singularity Is Near*, 135.36.
10. グーグルは2016年にロボットチームのリーダーを変更した。誤解のないように言うと、私はカーツワイルがグーグル（またはアルファベット社）のロボット研究の管理にまったく無関係だと主張しているのではなく、同社が彼を雇っているということは、シンギュラリティをロボットの商品化に結びつける社是と関心の表れである可能性を指摘している。Connor Dougherty, "Alphabet Shakes Up Its Robotics Division," *New York Times*, January 15, 2016, http://www.nytimes.com/2016/01/16/technology/alphabet-shakes-up-its-robotics-division.html 参照。
11. Greg Ross, "Interview with Douglas Hofstadter" (conducted January 2007), *American Scientist* [日付なし], http://www.americanscientist.org/bookshelf/pub/douglas-r-hofstadter/ 参照。
12. Antonio Damasio, *Descartes' Error: Emotion, Reason, and the Human Brain* (New York: Putnam, 1994), 226.
13. H. P. van Dalen and K. Henkens, "Comparing the Effects of Defaults in Organ Donation Systems," *Social Science and Medicine* 106 (2014): 137.42.
14. たとえば、Frank Geels, "Co-Evolution of Technology and Society: The Transition in Water Supply and Personal Hygiene in the Netherlands (1850.1930).a Case Study in Multi-Level Perspective," *Technology in Society* 27 (2005): 363.97 参照。

関連文献

Brooks, Rodney. *Flesh and Machines: How Robots Will Change Us*. Cambridge, MA: MIT Press, 2002.

Brynjolfsson, Erik, and Andrew McAfee. *The Second Machine Age: Work, Progress, and Prosperity in a Time of Brilliant Technologies*. New York: Norton, 2014.

Eggers, Dave. *The Circle*. New York: Knopf, 2013.

Kurzweil, Ray. *The Singularity Is Near: When Humans Transcend Biology*. New York: Viking, 2005.

Lanier, Jaron. *You Are Not a Gadget: A Manifesto*. New York: Knopf, 2010.

Markoff, John. *Machines of Loving Grace: The Quest for Common Ground Between Humans and Robots*, New York: Ecco, 2015.

Nourbakhsh, Illah Reza. *Robot Futures*. Cambridge, MA: MIT Press, 2013.

Reeves, Byron, and Clifford Nass. *The Media Equation: How People Treat Computers, Television, and New Media Like People and Places*. New York: Cambridge University Press, 1996.

Singer, P. W. *Wired for War: The Robotics Revolution and Conflict in the 21st Century*. New York: Penguin Books, 2009.

BloomResearch（ブログ), 2014年12月14日, http://bloomreach.com/2014/12/centaur-chess-brings-best-humans-machines/ 参照。

28. Walter Frick, "When Your Boss Wears Metal Pants," *Harvard Business Review*, June 2015, https://hbr.org/2015/06/when-your-boss-wears-metal-pants/ 参照。
29. Lindsay Fortago, Philip Stafford, and Aliya Ram, "Flash Crash: Ten Days in Hounslow," *Financial Times*, April 22, 2015,http://www.ft.com/intl/cms/s/0/9d7e50a4-e906-11e4-b7e8-00144feab7de.html#axzz43Y1pFxDA/ 参照。
30. Byron Reeves and Clifford Nass, *The Media Equation: How People Treat Computers, Television, and New Media Like People and Places* (New York: Cambridge University Press, 1996), 4.
31. Turkle, *Alone Together*.
32. Sherry Turkle, Life on the Screen, as quoted in Brooks, *Flesh and Machines*, 149で引用。
33. "iRobot's PackBot on the Front Lines," *Phys.org*, February 24, 2006, http://phys.org/news11166.html#jCp.Phys.org 参照。
34. Singer, *Wired for War*, 338.
35. M. K. Lee et al., "Ripple Effects of an Embedded Social Agent: A Field Study of a Social Robot in the Workplace," in *Proceedings of CHI* 2012, http://www.cs.cmu.edu/~kiesler/publications/2012/Ripple-Effects-Embedded-Agent-Social-Robot.pdf 参照。
36. Brooks, *Flesh and Machines*, 180.
37. 同上, 236.

第9章

1. Brynjolfsson and McAfee, *Second Machine Age*, 159.62.
2. 世代間移動については Tony Judt, *Ill Fares the Land* (New York: Penguin Books, 2010) 参照。
3. Jacob Aron, "Forget the Turing test--there are better ways of judging AI," *New Scientist*, September 21, 2015, https://www.newscientist.com/article/dn28206-forget-the-turing-test-there-are-better-ways-of-judging-ai/
4. これはもちろん、トーマス・クーン (Thomas Kuhn) が *The Structure of Scientific Revolutions*（『科学革命の構造』）(Chicago: University of Chicago Press, 1962) で提唱した「パラダイムシフト」のパスである。
5. Gary Marchant, "A.I. Thee Wed: Humans Should Be Able to Marry Robots," *Slate*, August 10, 2015, http://www.slate.com/articles/technology/future_tense/2015/08/humans_should_be_able_to_marry_robots.html 参照。
6. Securities and Exchange Commission (SEC), "Findings Regarding the Market Events of May 6, 2010: Report of the Staffs of the CFTC and SEC to the Joint Advisory Committee on Emerging Regulatory Issues," September 30, 2010, http://www.sec.gov/news/studies/2010/marketevents-report.pdf 参照。
7. William Langewiesche, "The Human Factor," *Vanity Fair News*, September 17, 2014, http://www.vanityfair.com/business/2014/10/air-france-flight-447-crash/ 参照。
8. "Despite Buzz, Navy Will Still Teach Stars," *Ocean Navigator*, January-February 2003, http://www.oceannavigator.com/January-February-2003/Despite-buzz-Navy-will-still-

thetic-control-with-electrocorticographic-signals/ 参照。
13. "How Would You Like Your Assistant.Human or Robotic?" *Georgia Tech News Center*, April 29, 2013, http://www.gatech.edu/newsroom/release.html?nid=210041/ 参照。
14. "Home Care Robot, 'Yurina,'" *DigInfoTV*（ビデオ・テキスト）, August 12, 2010年8月12日, http://www.diginfo.tv/v/10-0137-r-en.php 参照。
15. SECOM, "Meal-Assistance Robot My Spoon Allows Eating with Only Minimal Help from a Caregiver," seco.co.jp [日付なし], http://www.secom.co.jp/english/myspoon/ 参照。
16. Miwa Suzuki, "'Welfare Robots' to Ease Burden in Greying Japan," *Phys.org*, July 29, 2010, http://phys.org/news199597102.html 参照。
17. Anne Tergesen and Miho Inada, "It's Not a Stuffed Animal, It's a $6,000 Medical Device: Paro the Robo-Seal Aims to Comfort the Elderly, but Is It Ethical?" *Wall Street Journal*, June 21, 2010, http://online.wsj.com/article/SB10001424052748704463504575301051844937276.html? 参照。
18. たとえば Sherry Turkle, Alone Together: *Why We Expect More from Technology and Less from Each Other* (New York: Basic Books, 2012) 参照。
19. Amanda Sharkey and Noel Sharkey, "Granny and the robots: Ethical Issues in Robot Care for the Elderly," *Ethics of Information Technology* 14 (2012): 35.
20. Bekey, *Autonomous Robots*, 512.
21. Brynjolfsson and McAfee, *Second Machine Age*, 96.
22. "Pros Rake in More Chips Than Computer Program during Poker Contest, but Scientifically Speaking, Human Lead Not Large Enough to Avoid Statistical Tie," *Carnegie Mellon University News*, May 8, 2015, http://www.cmu.edu/news/stories/archives/2015/may/poker-pros-rake-in-more-chips.html 参照。
23. Mark Prigg, "Robots Take the Checquered Flag: Watch the Self Driving Racing Car That Can Beat a Human Driver," *Daily Mail*, March 20, 2016, http://www.dailymail.co.uk/sciencetech/article-2959134/robots-chequered-flag-Watch-self-driving-racing-car-beat-human-driver-sometimes.html 参照。
24. "Computational Aesthetics Algorithm Spots Beauty That Humans Overlook: Beautiful Images Are Not Always Popular Ones, Which Is Where the Crowd Beauty Algorithm Can Help, Say Computer Scientists," *MIT Technology Review*, May 22, 2015, http://www.technologyreview.com/view/537741/computational-aesthetics-algorithm-spots-beauty-that-humans-overlook/ 参照。
25. "The Economist Explains How Machine Learning Works," *The Economist*（ブログ）, 2015年5月13日, http://www.economist.com/blogs/economist-explains/2015/05/economist-explains-14/ 参照。
26. "Exploring the Epic Chess Match of Our Time," *FiveThirtyEight*（ビデオ・テキスト）October 22, 2014年10月22日, http://fivethirtyeight.com/features/the-man-vs-the-machine-fivethirtyeight-films-signals/ 参照。
27. Tyler Cowen, "What are humans still good for? The turning point in Freestyle chess may be approaching," *Marginal Revolution: Small Steps toward a Much Better World*, November 5, 2013, http://marginalrevolution.com/marginalrevolution/2013/11/what-are-humans-still-good-for-the-turning-point-in-freestyle-chess-may-be-approaching.html; および Mike Cassidy, "Centaur Chess Brings Out the Best in Humans and Machines,"

skills-gap-is-real/ 参照。
22. David Wessel, "Software Raises Bar for Hiring," *Wall Street Journal*, May 31, 2012, http://www.wsj.com/articles/SB10001424052702304821304577436172660988042/ 参照。
23. 障害について詳しくは、the 2013 NPR package by Chana Joffe-Walt entitled "Unfit for Work: The Startling Rise of Disability in America," http://apps.npr.org/unfit-for-work/ 参照。
24. 同上。

第8章

1. Robin R. Murphy and Debra Schreckenghost, "Survey of Metrics for Human-Robot Interaction," *HRI* 2013 *Proceedings*: 8th *ACM/IEEE International Conference on Human-Robot Interaction*, 197.
2. 同上。
3. Cynthia Breazeal, Atsuo Takanashi, and Tetsunori Kobayashi, "Social Robots That Interact with People," in Siciliano and Khatib, *Springer Handbook of Robotics*, 1349.50.
4. この節の記載は Robin R. Murphy et al., "Search and Rescue Robotics," in Siciliano and Khatib, *Springer Handbook of Robotics*, 1151.73 に大きく依存している。
5. 同上, 1173n42 参照。
6. 参照 Lawrence Diller, MD, "The NFL's ADHD, Adderall Mess," *The Huffington Post* (ブログ), February 5, 2013, http://www.huffingtonpost.com/news/NFL+Suspensions/
7. Ashlee Vance, "Dinner and a Robot: My Night Out with a PR3," *BloombergBusiness*, August 9, 2012, http://www.bloomberg.com/news/articles/2012-08-09/dinner-and-a-robotmy-night-out-with-a-pr2#r=lr-fst/ 参照。
8. Intuitive Surgical 2014 annual report, p. 45 http://www.annualreports.com/Company/intuitive-surgical-inc/
9. Herb Greenberg, "Robotic Surgery: Growing Sales, but Growing Concerns," *CNBC*, March19, 2013, http://www.cnbc.com/id/100564517/ ; and Roni Caryn Rabin, "Salesmen in the Surgical Suite," New York Times, March 25, 2013, http:/www.nytimes.com/2013/03/26/health/salesmen-in-the-surgical-suite.html?pagewanted=all/ 参照。
10. Citron Research, "Intuitive Surgical: Angel with Broken Wings, or Devil in Disguise?" (レポート), January 17, 2013, http://www.citronresearch.com/wp-content/uploads/2013/01/Intuitive-Surgical-part-two-final.pdf ; and Lawrence Diller, MD, et al., "Robotically Assisted vs. Laparascopic Hysterectomies among Women with Benign Gynecological Disease," *JAMA*: *Journal of the American Medical Association* 309 (February 20, 2013), http://jama.jamanetwork.com/article.aspx?articleid=1653522/ 参照。
11. Ceci Connolly, "U.S. Combat Fatality Rate Lowest Ever: Technology and Surgical Care at the Front Lines Credited with Saving Lives," *Washington Post*, December 9, 2004, A26, http://www.washingtonpost.com/wp-dyn/articles/A49566-2004Dec8.html 参照。
12. Nitish Thakor, "Building Brain Machine Interfaces.Neuroprosthetic Control with Electrocorticographic Signals," *IEEE Lifesciences*, April 2012, http://lifesciences.ieee.org/publications/newsletter/april-2012/96-building-brain-machine-interfaces-neuropros

2012年12月13日, http://www.bloomberg.com/news/articles/2012-12-13/robotworkers-coexistence-is-possible/ 参照。

8. 「だが彼らがもっているのは、ロボットが正しいときに正しい場所にいるようにするソフトだよ。これは software play だったんだ」。Jim Tompkins, Sam Grobart, "Amazon's Robotic Future: A Work in Progress, *BloombergBusiness*（ブログ), 2012年11月30日に引用 http://www.bloomberg.com/news/articles/2012-11-30/amazons-robotic-future-a-work-in-progress/
9. Kevin Bullis, "Random-Access Warehouses: A Company Called Kiva Systems Is Speeding Up Internet Orders with Robotic Systems That Are Modeled on Random-Access Computer Memory," *MIT Technology Review*, November 8, 2007, http://www.technologyreview.com/news/409020/random-access-warehouses/ 参照。
10. Robert B. Reich, *The Work of Nations: Preparing Ourselves for* 21st *Century Capitalism* (New York: Vintage, 1992).
11. "The Age of Smart Machines: Brain Work May Be Going the Way of Manual Work," *Economist*, My 23, 2013, http://www.economist.com/news/business/21578360-brain-work-may-be-going-way-manual-work-age-smart-machines/ 参照。
12. John Markoff, "Armies of Expensive Lawyers, Replaced by Cheaper Software," *New York Times*, March 4, 2011, http://www.nytimes.com/2011/03/05/science/05legal.html?pagewanted=all/
13. U.S. Census Bureau, "Historical Income Tables: Households," [日付なし], http://www.census.gov/hhes/www/income/data/historical/household/indexhtml
14. 一例として、Thomas Hungerford, "Changes in Income Inequality among U.S. Tax Filers between 1991 and 2006: The Role of Wages, Capital Income, and Taxes," Economic Policy Institute working paper, January 23, 2013, http://papers.ssrn.com/sol3/papers.cfm?abstract_id=2207372/ 参照。
15. U.S. Bureau of Labor Statistics, graph of productivity and average real earnings against index relative to 1970, from about 1947 to 2009, https://thecurrentmoment.files.wordpress.com/2011/08/productivity-and-real-wages.jpg
16. Illah Nourbakhsh, "Will Robots Boost Middle-Class Unemployment?" *Quartz*, June 7, 2013, http://qz.com/91815/the-burgeoning-middle-class-of-robots-will-leave-us-all-jobless-if-we-let-it/ 参照。
17. Gill Pratt, "Robots to the Rescue," *Bulletin of the Atomic Scientists*, December 3, 2013, http://thebulletin.org/robotrescue/
18. Kevin Kelly, "Better Than Human: Why Robots Will.and Must.Take Our Jobs," *Wired*, December 24, 2012, http://www.wired.com/gadgetlab/2012/12/ff-robots-will-take-our-jobs/ 参照。
19. Steven Cherry, "Robots Are Not Killing Jobs, Says a Roboticist: A Georgia Tech Professor of Robotics Argues Automation Is Still Creating More Jobs Than It Destroys," *IEEE Spectrum*, April 9, 2013, http://spectrum.ieee.org/podcast/robotics/industrial-robots/robots-are-not-killing-jobs-says-a-roboticist/ 参照。
20. Levy and Murnane, *The New Division of Labor*, 2.
21. James Bessen, "Employers Aren't Just Whining.The 'Skills Gap' Is Real," *Harvard Business Review*, August 25, 2014, https://hbr.org/2014/08/employers-arent-just-whining-the-

vember 2012, especially sections II and III http://www.hrw.org/sites/default/files/reports/arms1112ForUpload_0_0.pdf 参照。

26. "*Dr. Strangelove, or: How I Learned to Stop Worrying and Love the Bomb*: Plot Summary," IMDb.com [日付なし] http://www.imdb.com/title/tt0057012/plotsummary?ref_=tt_stry_pl/ 参照。
27. Christopher Mims, "U.S. Military Chips 'Compromised,'" *MIT Technology Review*, May 30, 2012, http://www.technologyreview.com/view/428029/us-military-chips-compromised/ 参照。
28. "Interview with Defense Expert P. W. Singer: 'The Soldiers Call It War Porn,'" *Spiegel Online International*, March 12, 2010, http://www.spiegel.de/international/world/interview-with-defense-expert-p-w-singer-the-soldiers-call-it-war-porn-a-682852.html 参照。
29. *New York Times*, "Distance from Carnage Doesn't Prevent PTSD for Drone Pilots," atwar.nytimes.com (ブログ), 2013年2月23日, http://atwar.blogs.nytimes.com/2013/02/25/distance-from-carnage-doesnt-prevent-ptsd-for-drone-pilots/andChristopherDrewandDavePhilipps, "As Stress Drives Off Drone Operators, Air Force Must Cut Flights," NewYorkTimes, June16, 2015, http://www.nytimes.com/2015/06/17/us/as-stress-drives-off-drone-operators-air-force-must-cut-flights.html?_r=0/ 参照。
30. Chris Woods, "Drone Warfare: Life on the New Frontline," The Guardian, February 24, 2015, http://www.theguardian.com/world/2015/feb/24/drone-warfare-life-on-the-new-frontline/ 参照。
31. Mubashar Jawed Akbar, as quoted in Singer, *Wired for War*, 312.
32. Singer, *Wired for War*, 198.

第7章

1. ATM については John M. Jordan, *Information, Technology, and Innovation: Resources for Growth in a Connected World* (Hoboken, NJ: Wiley, 2012), 153.55 参照。
2. Erik Brynjolfsson and Andrew McAfee, *Race against the Machine: How the Digital Revolution Is Accelerating Innovation, Driving Productivity, and Irreversibly Transforming Employment and the Economy* (Lexington, MA: Digital Frontier Press, 2011), Kindle edition. Much of the material from this e-book appears in Brynjolfsson and McAfee's more comprehensive print book, The Second Machine Age: Work, Progress, and Prosperity in a Time of Brilliant Technologies (New York: Norton, 2014).
3. David Autor, "The 'Task' Approach to Labor Markets: An Overview," National Bureau of Economic Research Working Paper 18711, http://www.nber.org/papers/w18711/ 参照。
4. Levy and Murnane, *The New Division of Labor*, 6 も参照。Levy と Murnane は Autor とも論文を共著している。
5. Autor, "The 'Task' Approach to Labor Markets," 5.
6. IFR (International Federation of Robotics), "Industrial Robot Statistics," in "World Robotics 2015 Industrial Robots," *ifr.org* (レポート) [日付なし], http://www.ifr.org/industrial-robots/statistics/ 参照。
7. Sam Grobart, "Robot Workers: Coexistence Is Possible," *BloombergBusiness* (ブログ),

bust-20120429 参照。
9. Singer, *Wired for War,* 114.16 参照。
10. "Autonomous Underwater Vehicle.Seaglider," *kongsberg.com* [日付なし], http://www.km.kongsberg.com/ks/web/nokbg0240.nsf/AllWeb/EC2FF8B58CA491A4C1257B870048C78C?OpenDocument/ 参照。
11. AUVAC (Autonomous Undersea Vehicle Applications Center), "AUV System Spec Sheet: Proteus Configuration," *auvac.org* [日付なし], http://auvac.org/configurations/view/239/ 参照。
12. Singer, *Wired for War,* 114.15.
13. Rafael Advanced Defense Systems, Ltd., "Protector Unmanned Naval Patrol Vehicle," rafael.co.il [日付なし], http://www.rafael.co.il/Marketing/351-1037-en/Marketing.aspx 参照。
14. "iRobot Delivers 3,000th PackBot," investor.irobot.com (ニュースリリース), 2010年2月16日, http://investor.irobot.com/phoenix.zhtml?c=193096&p=irol-newsArticle&ID=1391248/ 参照。
15. QinetiQ North America, "TALONR Robots: From Reconnaissance to Rescue, Always Ready on Any Terrain," *QinetiQ-NA.com* (データシート) [日付なし], https://www.qinetiq-na.com/wp-content/uploads/data-sheet_talon.pdf 参照。
16. "March of the Robots," *Economist*, June 2, 2012, http://www.economist.com/node/21556103/
17. Evan Ackerman and Erico Guizzo, "DARPA Robotics Challenge: Amazing Moments, Lessons Learned, and What's Next," *IEEE Spectrum*, June 11, 2015, http://spectrum.ieee.org/automaton/robotics/humanoids/darpa-robotics-challenge-amazing-moments-lessons-learned-whats-next/ 参照。
18. Sydney J. Freedberg Jr., "Why the Military Wants Robots with Legs (Not to Run Faster Than Usain Bolt)," *Breaking Defense* (ブログ), September7, 2012年9月7日. http://breakingdefense.com/2012/09/07/why-the-military-wants-robots-with-legs-robotruns-faster-than/
19. Ronald C. Arkin, "Ethical Robots in Warfare," *IEEE Technology* and Society Magazine 28 (Spring 2009), http://www.dtic.mil/dtic/tr/fulltext/u2/a493429.pdf
20. Human Rights Watch, "The 'Killer Robots' Accountability Gap," *hrw.org* (ブログ), 2015年4月8日, https://www.hrw.org/news/2015/04/08/killer-robots-accountability-gap/ 参照。
21. UN General Assembly, Human Rights Council, "Report of the Special Rapporteur on Extrajudicial, Summary or Arbitrary Executions, Christof Heyns," A/HRC/23/47, April 17, 2013, http://www.ohchr.org/Documents/HRBodies/HRCouncil/RegularSession/Session23/A.HRC.23.47_EN.pdf 参照。
22. その多くが Arkin, "Ethical Robots in Warfare" の繰り返しになっている。
23. Associated Press, "Afghan Panel: U.S. Airstrike Killed 47 in Wedding Party," *Washington Post*, July 12, 2008, http://articles.washingtonpost.com/2008-07-12/world/36906336_1_civilians-airstrike-afghan-panel/ 参照。
24. David S. Cloud, "Civilian Contractors Playing Key Roles in U.S. Drone Operations," *Los Angeles Times*, December 29, 2011, http://articles.latimes.com/2011/dec/29/world/la-fg-drones-civilians-20111230/ 参照。
25. たとえば Human Rights Watch, "Losing Humanity: The Case against Killer Robots," No-

35. Lucia Huntington, "The Real Distraction at the Wheel: Texting Is a Big Problem, but with More People Eating and Driving Than Ever Before, Maybe That's an Even Bigger Problem," *The Boston Globe* (ブログ), 2009年10月14日, http://www.boston.com/lifestyle/food/articles/2009/10/14/dining_while_driving_theres_many_a_slip_twixt_cup_and_lip_but_that_doesnt_stop_us/ 参照。
36. William H. Janeway, "From Atoms to Bits to Atoms: Friction on the Path to the Digital Future," *Forbes.com* (ブログ), 2015年7月30日, http://www.forbes.com/sites/valleyvoices/2015/07/30/from-atoms-to-bits-to-atoms-friction-on-the-path-to-the-digital-future/ 参照。
37. Erin Griffith, "If Driverless Cars Save Lives, Where Will We Get Organs?" *Fortune* (ブログ), 2014年8月15日, http://fortune.com/2014/08/15/if-driverless-cars-save-lives-where-will-we-get-organs/ 参照。
38. Alan S. Blinder, "Offshoring: The Next Industrial Revolution?" *Foreign Affairs*, March-April 2006, http://www.foreignaffairs.com/articles/61514/alan-s-blinder/offshoring-the-next-industrial-revolution/ 参照。
39. Megahn Walsh, "Why No One Wants to Drive a Truck Anymore: Commercial Drivers' Average Age is 55, and Young People Don't Want to Take Up the Slack," *BloombergBusiness* (ブログ), 2013年11月14日, http://www.bloomberg.com/news/articles/2013-11-14/2014-outlook-truck-driver-shortage/ 参照。
40. Adario Strange, "Mercedes-Benz Unveils Self-Driving 'Future Truck' on Germany's Autobahn," *Mashable* (ビデオ·テキストブログ), 2014年7月6日, http://mashable.com/2014/07/06/mercedes-benz-self-driving-truck/ 参照。
41. Mui and Carroll, *Self-Driving Cars*, location 279で引用されたRAND研究。
42. Mui and Carroll, *Self-Driving Cars,* location 214.

第6章

1. DARPA, "Mission," http://www.darpa.mil/about-us/mission/ 参照。
2. "Beyond the Borders of 'Possible,'" *army.mil*, January 27, 2015 (DARPA戦術研究室 (TTO) の室長、Bradford Tousley博士にU.S. Army's *Access AL&T* magazine) のスタッフがインタビュー, http://www.army.mil/mobile/article/?p=141732/ 参照。
3. Ronald C. Arkin, *Governing Lethal Behavior in Autonomous Robots* (New York: CRC Press, 2009), xii.
4. Jeremiah Gertler, "U.S. Unmanned Aerial Systems," Congressional Research Service report R42136, January 3, 2012, http://www.fas.org/sgp/crs/natsec/R42136.pdf 参照。
5. Singer, *Wired for War*, 33.
6. 同上, 36.
7. R. Jeffrey Smith, "High-Priced F-22 Fighter Has Major Shortcomings," *Washington Post*, July 10, 2009, http://www.washingtonpost.com/wp-dyn/content/article/2009/07/09/AR2009070903020.html?hpid=topnews&sub=AR&sid=ST2009071001019/ 参照。
8. Brian Bennett, "Predator Drones Have Yet to Prove Their Worth on Border," *Los Angeles Times*, April 28, 2012, http://articles.latimes.com/2012/apr/28/nation/la-na-drone-

グ), 2007年5月, https://www.schneier.com/essays/archives/2007/05/virginia_tech_lesson.html 参照。
20. Zack Rosenberg, "The Autonomous Automobile," *Car and Driver*, August 2013, 68, http://www.caranddriver.com/features/the-autonomous-automobile-the-path-to-driverless-cars-explored-feature/
21. Chris Urmson, "The View from the Front Seat of the Google Self-Driving Car, Chapter 2," *Medium.com* (ブログ), 2015年7月16日, https://medium.com/@chris_urmson/the-view-from-the-front-seat-of-the-google-self-driving-car-chapter-2-8d5e2990101b#.xcwbdoc2p/ 参照。
22. Lee Gomes, "Driving in Circles: The Autonomous Google Car May Never Actually Happen," *Slate* (ブログ), 2014年10月21日, http://www.slate.com/articles/technology/technology/2014/10/google_self_driving_car_it_may_never_actually_happen.html 参照。
23. Nick Bilton, "The Money Side of Driverless Cars," *The New York Times* (ブログ), 2013年7月9日, http://bits.blogs.nytimes.com/2013/07/09/the-end-of-parking-tickets-drivers-and-car-insurance/ 参照。
24. Shawna Ohm, "Why UPS Drivers Don't Make Left Turns," *Yahoo! Finance* (ビデオ・テキストブログ), 2014年9月30日, http://finance.yahoo.com/news/why-ups-drivers-don-t-make-left-turns-172032872.html 参照。
25. 車などへの出費をもっと知りたい場合は、Mui and Carroll, *Self-Driving Cars*, chapter 1 参照。
26. 同上, location 127.
27. Centers for Disease Control/National Center for Health Statistics, "FastStats: Accidental or Unintentional Injuries," 最終更新2015年9月30日, http://www.cdc.gov/nchs/fastats/accidental-injury.htm 参照。
28. Centers for Disease Control, "National Hospital Ambulatory Medical Care Survey: 2010 Emergency Department Survey Tables," http://www.cdc.gov/nchs/data/ahcd/nhamcs_emergency/2010_ed_web_tables.pdf 参照。
29. Mui and Carroll, *Self-Driving Cars*, location 74.
30. Climateer, "Understanding the Future of Mobility: On-Demand Driverless Cars," *Climateer Investing* (ブログ), 2015年8月10日, http://climateerinvest.blogspot.co.uk/2015/08/understanding-future-of-mobility-on.html 参照。
31. U.S. Public Interest Research Group and Frontier Group, "Transportation and the New Generation: Why Young People Are Driving Less and What It Means for Transportation Policy" (レポート), 2012年4月5日発表, http://www.uspirg.org/reports/usp/transportation-and-new-generation/ 参照。
32. Mark Strassman, "A Dying Breed: The American Shopping Mall," *CBS News.com* (ビデオ・テキストブログ), 2014年3月23日, http://www.cbsnews.com/news/a-dying-breed-the-american-shopping-mall/ 参照。
33. たとえば、Laura Houston Santhanam, Amy Mitchell, and Tom Rosenstiel, "The State of the News Media 2012: An Annual Report," Pew Research Center's Project for Excellence in Journalism, http://stateofthemedia.org/2012/audio-how-far-will-digital-go/audio-by-the-numbers/ 参照。
34. Steve Mahan, "Self-Driving Car Test," YouTube.com (ビデオ), 2012年3月28日, https://www.youtube.com/watch?v=cdgQpa1pUUE/ 参照。

3. Thrun, "Toward Robotic Cars."
4. Leo Kelion, "Audi Claims Self-Drive Car Speed Record after German Test," *BBC News* (ブログ), 2014年10月21日, http://www.bbc.com/news/technology-29706473/
5. Casey Newton, "Uber Will Eventually Replace All Its Drivers with Self-Driving Cars, *The Verge* (ブログ), 2014年5月28日, http://www.theverge.com/2014/5/28/5758734/uber-will-eventually-replace-all-its-drivers-with-self-driving-cars/
6. Douglas Macmillan, "GM Invests $500 Million in Lyft, Plans System for Self-Driving Cars: Auto Maker Will Work to Develop System That Could Make Autonomous Cars Appear at Customers' Doors," *Wall Street Journal*, January 4, 2016, http://www.wsj.com/articles/gm-invests-500-million-in-lyft-plans-system-for-self-driving-cars-1451914204/
7. Shaun Bailey, "BMW Track Trainer: How a Car Can Teach You to Drive," *Road & Track* (ブログ), 2011年9月7日, http://www.roadandtrack.com/car-culture/a17638/bmw-track-trainer/ 参照。
8. Frank Levy and Richard Murnane, *The New Division of Labor: How Computers Are Creating the Next Job Market* (New York: Russell Sage Foundation; Princeton: Princeton University Press, 2004), 20.
9. Defense Advanced Research Projects Agency (DARPA), "Report to Congress: DARPA Prize Authority: Fiscal Year 2005 Report in Accordance with U.S.C. §2374a," released March 2006, 3, http://archive.darpa.mil/grandchallenge/docs/Grand_Challenge_2005_Report_to_Congress.pdf
10. Erico Guizzo, "How Google's Self-Driving Car Works," *IEEE Spectrum*, October 18, 2011, http://spectrum.ieee.org/automaton/robotics/artificial-intelligence/how-google-self-driving-car-works/ 参照。
11. Alex Davies, "This Palm-Sized Laser Could Make Self-Driving Cars Way Cheaper," *Wired* (ブログ), 2014年9月25日, http://www.wired.com/2014/09/velodyne-lidar-self-driving-cars/ 参照。
12. Sebastian Thrun et al., "Stanley: The Robot that Won the DARPA Grand Challenge," *Journal of Field Robotics* 23 (2009): 665.
13. "What If It Could Be Easier and Safer for Everyone to Get Around?" *Google Self-Driving Project* (ビデオ・テキストブログ) [日付なし], https://www.google.com/selfdrivingcar/ 参照。
14. *Car and Driver*, August 2013, cover.
15. James Vincent, "Toyota's $1 Billion AI Company Will Develop Self-Driving Cars and Robot Helpers," *The Verge* (ブログ), 2015年11月6日, http://www.theverge.com/2015/11/6/9680128/toyota-ai-research-one-billion-fundig/ 参照。
16. Nic Fleming and Daniel Boffey, "Lasers-Guided Cars Could Allow Drivers to Eat and Sleep at the Wheel While Travelling in 70 mph Convoys," *Daily Mail.com* (ブログ), 2009年6月22日, http://www.dailymail.co.uk/sciencetech/article-1194481/Lasers-guided-cars-allow-eat-sleep-wheel-travelling-70mph-convoys.html 参照。
17. Brad Templeton, "I Was Promised Flying Cars!" *Templetons.com* (ブログ) [日付なし], http://www.templetons.com/brad/robocars/roadblocks.html 参照。
18. Daniel Kahneman, *Thinking, Fast and Slow* (New York, Farrar, Straus and Giroux, 2011), chapters 12 and 13 参照。
19. Bruce Schneier, "Virginia Tech Lesson: Rare Risks Breed Irrational Responses," *Wired* (ブロ

Abrams, 2009). このあとの記載ではこれらの2作に大いに依存している。
20. "20 Facts about Astro Boy," *Geordie Japan: A Guide to Finding Japan in Newcastle-up-on-Tyne* (ブログ), 2013年1月10日, http://geordiejapan.wordpress.com/2013/01/10/20-facts-about-astro-boy/ 参照。
21. 日本語からのショット（Schodt）の翻訳 *The Astro Boy Essays*, 108 から転載。

第4章

1. "Global Industrial Robot Sales Rose 27 [Percent] in 2014," *Reuters*, March 22, 2015, http://www.reuters.com/article/industry-robots-sales-idUSL6N0WM1NS20150322/ 参照。
2. "Foxconn to Rely More on Robots; Could Use 1 Million in 3 years," *Reuters*, August 1, 2011, http://www.reuters.com/article/us-foxconn-robots-idUSTRE77016B20110801/ 参照。
3. ロボットの移動についての追加情報は、Roland Siegwart and Illah R. Nourbakhsh, *Introduction to Autonomous Mobile Robots* (Cambridge, MA: MIT Press, 2004), chapter 2 参照。
4. Singer, *Wired for War*, 55.
5. Nourbakhsh, *Robot Futures*, 49.50.
6. 地方自治体は多数のナンバープレート認識カメラを購入している。このカメラは免許切れや駐車違反切符の罰金が未払いの車や盗難車を検出することによって急速に元をとる。代表的なシステムは1時間で750台超の車をスキャンすることができる。Shawn Musgrave, "Big Brother or Better Police Work? New Technology Automatically Runs License Plates ... of Everyone," *Boston Globe*, April 8, 2013参照。
7. Bekey, *Autonomous Robots*, 104.7; Brooks, Flesh and Machines, 36.43.
8. Brooks, *Flesh and Machines*, 72.73.
9. Siegwart and Nourbakhsh, *Introduction to Autonomous Mobile Robots*, chapter 6.
10. ペンシルベニア大学GRASP研究所のクワッドローター（クワッドコプター）が、グループで配備されているロボットの例である。https://www.grasp.upenn.edu 参照。
11. Bekey, *Autonomous Robots*, 5.6.
12. Singer, *Wired for War*, 60.
13. "Military Robot Markets to Exceed $8 Billion in 2016," *ABIresearch: Intelligence for Innovators* (ブログ), 2011年2月15日, http://www.abiresearch.com/press/military-robotmarkets-to-exceed-8-billion-in-2016/
14. Cloud Robotics and Automation, http://goldberg.berkeley.edu/cloud-robotics/ 参照。
15. RoboCup, http://www.robocup.org/about-robocup/objective/ 参照。

第5章

1. Mui and Carroll, *Driverless Cars*, location 13.
2. Sebastian Thrun, "Toward Robotic Cars," *Communications of the ACM* 53 (April 2010): 99; and Mui and Carroll, Driverless Cars, location 43.

第3章

1. Robert Geraci, *Apocalyptic AI: Visions of Heaven in Robotics, Artificial Intelligence, and Virtual Reality* (New York: Oxford University Press, 2010), 31.
2. 北野宏明, "The Design of the Humanoid Robot PINO," http://www.sbi.jp/symbio/people/tmatsui/pinodesign.htm, Bekey, *Autonomous Robots*, 471で引用。
3. Hans P. Moravec, *Mind Children: The Future of Robot and Human Intelligence* (Cambridge, MA: Harvard University Press, 1988) 参照。
4. Geraci, *Apocalyptic* AI, 7.
5. Nourbakhsh, *Robot Futures*, 119.
6. ドウェイン・デイ（Dwayne Day）のもっともらしく思われるブログ投稿によれば、スター・トレックの作者は1958年のホワイトハウスのパンフレットに書いてあった次の文から借用したという。「これらの要因の第一のものは、探検して発見するという人間の抑えがたい衝動、それまで誰も行ったことがない所に人間を行かせるという強い好奇心である」。この文には、ハリウッドと南カリフォルニアの航空宇宙業界はしばしば、相互に影響しているとも書いてある。Dwayne A. Day, "Boldly Going: Star Trek and Spaceflight," *Space Review/Space News* (ブログ), 2005年11月28日、http://www.thespacereview.com/article/506/1/ 参照。
7. たとえば、Leo Marx, *The Machine in the Garden: Technology and the Pastoral Ideal in America* (New York: Oxford University Press, 1965); Thomas P. Hughes, *American Genesis: A Century of Invention and Technological Enthusiasm* (New York: Viking, 1989); および David Nye, *America as Second Creation: Technology and Narratives of New Beginnings* (Cambridge, MA: MIT Press, 2003) 参照。
8. Evgeny Morozov, "The Perils of Perfection," *New York Times*, March 2, 2013, http://www.nytimes.com/2013/03/03/opinion/sunday/the-perils-of-perfection.html
9. William Edward Harkins, *Karel Capek* (New York: Columbia University Press, 1962)
10. London *Sunday Review* でのチャペックの引用を Karel Čapek, *R.U.R.* (New York: Pocket Books, 1973), reader's supplement, 11で再引用。チェコ語の「rozum」が「reason」を意味するため、「ロッサム」で論理を含意していた。
11. チャペックの戯曲は約90年後に IBM の質問に答えるコンピューター、ワトソンに、ウィキペディアなどのオンライン・データ・レポジトリーを取り込むことによって『ジェパディ！』のゲームをする方法を「教える」ことを暗示していた。
12. Čapek, *R.U.R.*, 49.
13. 同上, 96.
14. Isaac Asimov, introduction to *The Complete Robot* (Garden City: Doubleday, 1982), xi.
15. 同上, xii.
16. Norbert Wiener, *Cybernetics, or Communication and Control in the Animal and the Machine* (Cambridge, MA: MIT Press, 1948).
17. *Phillip K. Dick, Do Androids Dream of Electric Sheep*? (New York: Doubleday, 1968).
18. Pinker, *How the Mind Works*, 4.
19. 手塚に関する英語の必須の文献は、Frederik L. Schodt, *The Astro Boy Essays: Osamu Tezuka, Mighty Atom, and the Manga/Anime Revolution* (Berkeley, CA: Stone Bridge Press, 2007) と Helen McCarthy, *The Art of Osamu Tezuka, Mighty Atom: God of Manga* (New York:

15. この文献の導入書は Cass Sunstein and Richard Thaler, *Nudge: Improving Decisions about Health, Wealth, and Happiness* (New York: Penguin Books, 2008).
16. このテーマについての必須の読み物は Patrick Lin, Keith Abney, and George A. Bekey, eds., *Robot Ethics: The Ethical and Social Implications of Robotics* (Cambridge, MA: MIT Press, 2012).
17. Campaign to Stop Killer Robots, https://www.stopkillerrobots.org 参照。
18. Steven Pinker, *How the Mind Works* (New York: Norton, 1999), 16.
19. Ray Kurzweil, *The Singularity Is Near: When Humans Transcend Biology* (New York: Viking, 2005), 4.
20. Rodney Brooks, "Artificial Intelligence Is a Tool, Not a Threat," *Rethink Robotics* (ブログ), 2014年11月10日, http://www.rethinkrobotics.com/blog/artificial-intelligence-tool-threat/ 参照。

第2章

1. Illah Reza Nourbakhsh, *Robot Futures* (Cambridge, MA: MIT Press, 2013), xiv.
2. Rodney Brooks, *Flesh and Machines: How Robots Will Change Us* (Cambridge, MA: MIT Press, 2002), 13.
3. James L. Fuller, *Robotics: Introduction, Programming, and Projects* (Upper Saddle River, NJ: Prentice Hall, 1999), 3.4; 強調は筆者。.
4. Cynthia Breazeal, *Designing Sociable Robots* (Cambridge, MA. MIT Press, 2004), 1.
5. Maja J. Mataric, *The Robotics Primer* (Cambridge, MA: MIT Press, 2007), 2.
6. Steve Kroft, "Are Robots Hurting Job Growth?" *60 Minutes* (動画), 2013年1月13日, http://www.cbsnews.com/video/watch/?id=50138922n/
7. Vinton G. Cerf, "What's a Robot?" *Communications of the ACM* (Association for Computing Machinery) 56 (January 2013): 7; 強調は筆者。
8. George Bekey, *Autonomous Robots: From Biological Inspiration to Implementation and Control* (Cambridge, MA: MIT Press, 2005), 2; 強調は筆者。
9. アヒルの話についての筆者の理解は P. W. Singer, *Wired for War: The Robotics Revolution and Conflict in the* 21st *Century* (New York: Penguin Books, 2009), 42–43 に基づいている。
10. Isaac Asimov and Karen A. Frenkel, *Robots: Machines in Man's Image* (New York: Harmony Books, 1985), 13.
11. アシモフは編集長ジョン・キャンベル（John Campbell）が、三原則の構築について大いに助けてくれたと認めている。*In Memory Yet Green: The Autobiography of Isaac Asimov* 1920. 1954 (Garden City, NY: Doubleday, 1979), 286参照。
12. Singer, *Wired for War*, 423.
13. Brooks, *Flesh and Machines*, 73.
14. Robin Murphy and David D. Woods, "Beyond Asimov: The Three Laws of Responsible Robotics," *IEEE Intelligent Systems* 24 (July-August 2009): 14.20, doi:10.1109/MIS.2009.69.
15. Joseph Engelberger, Asimov and Frenkel, *Robots*, 25で引用。

注

第1章

1. Bernard Roth, foreword to Bruno Siciliano and Oussama Khatib, eds., *Springer Handbook of Robotics* (Berlin: Springer-Verlag, 2008), viii.
2. Matt McFarland, "Elon Musk: 'With Artificial Intelligence We Are Summoning the Demon,'" 参照。*The Washington Post* (ブログ), 2014年10月24日, http://www.washingtonpost.com/blogs/innovations/wp/2014/10/24/elon-musk-with-artificial-intelligence-we-are-summoning-the-demon/
3. シンポジウムの参加者が語った優れたAIの歴史は Nils J. Nilsson, *The Quest for Artificial Intelligence: A History of Ideas and Achievements* (Cambridge: Cambridge University Press, 2010).
4. Ulrike Bruckenberger et al., "The Good, the Bad, the Weird: Audience Evaluation of a 'Real' Real Robot in Relation to Science Fiction and Mass Media," in G. Hermann et al., eds., *Social Robotics*: 5th *International Conference*, ICSR 2013, Bristol, UK, October 27.29, 2013, Proceedings, ICSR 2013, LNAI 8239, p.301.
5. W. Brian Arthur, *Increasing Returns and Path Dependence in the Economy* (Ann Arbor: University of Michigan Press, 1994), chapter1 参照。
6. これは、興味をそそる研究対象である。説得力のある入門書は、Donald Norman, *The Design of Everyday Things* (1988; New York: Basic Books, 2002).
7. Jaron Lanier, *You Are Not a Gadget: A Manifesto* (New York: Knopf, 2010), 7.12 参照。
8. Sergey Brin, "Sergey Brin Live at Code Conference," *The Verge* (ブログ), 2014年5月27日, http://live.theverge.com/sergey-brin-live-code-conference/ で引用。
9. Danny Palmer, "The future is here today: How GE is using the Internet of Things, big data and robotics to power its business," *Computing* 12 March 2015, http://www.computing.co.uk/ctg/feature/2399216/the-future-is-here-today-how-ge-is-using-the-internet-of-things-big-data-and-robotics-to-power-its-business/
10. Chunka Mui and Paul B. Carroll, *Self-Driving Cars: Trillions Are Up for Grabs*, Kindle e-book (2013) location 223.
11. Online Etymology Dictionary,「hello」の項参照, http://www.etymonline.com/index.php?search=hello&searchmode=none/
12. Hugh Herr, "The New Bionics That Let Us Run, Climb, and Dance," *TED2014* (動画ブログ), 2014年3月撮影, https://www.ted.com/talks/hugh_herr_the_new_bionics_that_let_us_run_climb_and_dance?language=en/ 参照。
13. "Robin Millar: 'How Pioneering Eye Implant Helped My Sight,'" *BBC News* (ブログ), 2012年5月3日, http://www.bbc.com/news/health-17936704/ 参照。
14. ソリューショニズムについては Evgeny Morozov, *To Save Everything Click Here: The Folly of Technological Solutionism* (New York: Public Affairs, 2013), chapter1 参照。

索　引

著者■ジョン・ジョーダン(John Jordan)
ペンシルベニア州立大学スミール・カレッジ・オブ・ビジネス客員教授。
エネルギー工学、生産工学などを教えるかたわら、テクニカルアナリスト(株価動向を分析する専門家)でもある。

訳者■久村典子(ひさむら・のりこ)
翻訳家。東京教育大学文学部英文科卒業。主な訳書に、『百万人の数学(上・下)』『機械学習——新たな人工知能』(以上、日本評論社)、『現代科学史大百科事典』(朝倉書店)、『チーズの歴史』(ブルース・インターアクションズ)、『毒性元素——謎の死を追う』(共訳、丸善出版)などがある。

MITエッセンシャル・ナレッジ・シリーズ

ロボット
職を奪うか、相棒か?

発行日　2017年10月25日　第1版第1刷発行

著　者　ジョン・ジョーダン
訳　者　久村典子
発行者　串崎　浩
発行所　株式会社日本評論社
〒170-8474 東京都豊島区南大塚3-12-4
電話(03) 3987-8621 [販売]
(03) 3987-8599 [編集]

印　刷　精文堂印刷
製　本　難波製本
本文デザイン　Malpu Design(佐野佳子)
装　幀　Malpu Design(清水良洋)

ISBN978-4-535-78822-0